Sensorische Prozessführung für das Laser-Pulver-Auftragschweißen

Vom Promotionsausschuss der
Technischen Universität Hamburg

zur Erlangung des akademischen Grades
Doktor-Ingenieur (Dr.-Ing.)

genehmigte Dissertation (Monografie)

von
Julian Ulrich Weber

aus
Buxtehude

2026

1. Gutachter: Univ.-Prof. Prof. Dr.-Ing. Claus Emmelmann

2. Gutachter: Univ.-Prof. Dr.-Ing. Prof. h.c. mult. Ingomar Kelbassa

Tag der mündlichen Prüfung: 30. Oktober 2025

Light Engineering für die Praxis

Reihe herausgegeben von

Claus Emmelmann, Hamburg, Deutschland

Technologie- und Wissenstransfer für die photonische Industrie ist der Inhalt dieser Buchreihe. Der Herausgeber leitet das Institut für Laser- und Anlagensystemtechnik (iLAS) an der Technischen Universität Hamburg (TUHH). Die Inhalte eröffnen den Lesern in der Forschung und in Unternehmen die Möglichkeit, innovative Produkte und Prozesse zu erkennen und so ihre Wettbewerbsfähigkeit nachhaltig zu stärken. Die Kenntnisse dienen der Weiterbildung von Ingenieuren und Multiplikatoren für die Produktentwicklung sowie die Produktions- und Lasertechnik, sie beinhalten die Entwicklung lasergestützter Produktionstechnologien und der Qualitätssicherung von Laserprozessen und Anlagen sowie Anleitungen für Beratungs- und Ausbildungsdienstleistungen für die Industrie.

Julian Ulrich Weber

Sensorische Prozessführung für das Laser-Pulver-Auftragschweißen

Julian Ulrich Weber
Fraunhofer-Einrichtung für Additive
Produktionstechnologien IAPT
Hamburg, Deutschland

ISSN 2522-8447   ISSN 2522-8455   (electronic)
Light Engineering für die Praxis
ISBN 978-3-662-73161-1   ISBN 978-3-662-73162-8   (eBook)
https://doi.org/10.1007/978-3-662-73162-8

Die Deutsche Nationalbibliothek verzeichnet diese Publikation in der Deutschen Nationalbibliografie; detaillierte
bibliografische Daten sind im Internet über https://portal.dnb.de abrufbar.

Planung/Lektorat: Alexander Grün
Springer Vieweg ist ein Imprint der eingetragenen Gesellschaft Springer-Verlag GmbH, DE und ist ein Teil von
Springer Nature.
Die Anschrift der Gesellschaft ist: Heidelberger Platz 3, 14197 Berlin, Germany

Wenn Sie dieses Produkt entsorgen, geben Sie das Papier bitte zum Recycling.

Kurzfassung

Das Laser-Pulver-Auftragschweißen stellt ein additives Fertigungsverfahren dar, das die Herstellung komplexer Strukturen auf bestehenden Bauteilen ermöglicht. Der gezielte Energie- und Materialauftrag erlaubt die kosteneffiziente Verarbeitung wertvoller Materialien auf kosteneffizienten Grundmaterialien. Aufgrund der unterschiedlichen Materialeigenschaften neigt der Fertigungsprozess jedoch zur kritischen und kostentreibenden Defektbildung, insbesondere in Form von Rissbildung und Delamination. Zur frühzeitigen Defekterkennung und Prozesssteuerung können verschiedene sensorische Verfahren eingesetzt werden.

Angesichts der anspruchsvollen Auswahl geeigneter Sensorverfahren befasst sich die vorliegende Arbeit im ersten Schritt mit der Entwicklung einer Bewertungsmethodik, um das Potential von Sensorik im Laser-Pulver-Auftragschweißprozess zu evaluieren. Unter Berücksichtigung von 34 Sensorkonfigurationen wurde die Analyse luftschallbasierter akustischer Emissionen als robustes, flexibles und kostengünstiges Messverfahren mit hohem Entwicklungspotential identifiziert. Anknüpfend wird für den zweiten Schritt der Arbeit das Forschungsziel definiert, ein akustisches Monitoringsystem zu entwickeln, das kritische Defekte im Prozess identifiziert, klassifiziert und im Bauraum lokalisiert.

Die Entwicklung des Monitoringsystems gliedert sich in zwei Teilsysteme: Teilsystem I und II. Teilsystem I konzentriert sich auf die zeit- und frequenzaufgelöste Analyse akustischer Prozessemissionen unter Verwendung eines Richtmikrofons. Während des Prozesses können transiente akustische Ereignisse identifiziert werden, die mit Klirr- und Glasgeräuschen assoziierbar sind. Die Signalanalyse mittels Short Time Fourier Transformation stellt sich durch den Vergleich mit einer Convolutional Wavelet Transformation als effizient heraus und wird für die Signalcharakterisierung verwendet. Die akustischen Ereignisse zeigen ein charakteristisches Frequenzspektrum um 12 kHz. Die Kenntnis des Frequenzspektrums ermöglicht mit der Anwendung von effizienten Signalfiltern die Herausstellung relevanter Ereignisse. Durch Analyse der auftretenden Defekte wird der Delaminationsgrad als messbare Qualitätsgröße zur Defekteinordnung definiert. Es kann eine signifikante Korrelation zwischen Delaminationsgrad und Zeit bis zum Auftreten eines starken transienten Ereignisses festgestellt werden, wodurch die Identifikation kritischer Defekte ermöglicht wird. Teilsystem II dient der ortsaufgelösten Zuordnung der akustischen Ereignisse, um im Baujob zwischen defektbehafteten und defektfreien Bauteilen differenzieren zu können. Das Laufzeitunterschied-Verfahren stellt sich für den vorliegenden Anwendungsfall als optimal heraus. Im Rahmen der Konzeptentwicklung erzielt eine kreisförmige Anordnung von sechs Sensoren und die Anwendung des Differenzquadrat-Verfahrens zur Identifikation der Laufzeitunterschiede die beste Lokalisierungsleistung. In der Validierungsphase werden beide Teilsysteme unter realen Prozessbedingungen getestet und weitere Maßnahmen zur Verbesserung der Lokalisierungsleistung getroffen.

Das finale Monitoringsystem ermöglicht die In-Prozess Überwachung von akustischen Prozessemissionen, Identifikation von defekt-charakteristischen akustischen Ereignissen und Lokalisierung dieser Ereignisse im Bauraum. Anwendern des Fertigungsprozesses bietet dies die Möglichkeit, kritische Defekte frühzeitig zu erkennen, prozesssteuernde Maßnahmen vorzunehmen und schließlich die Prozesszeit und -kosten signifikant zu reduzieren.

Abstract

Laser Metal Deposition is an Additive Manufacturing process that enables the production of complex structures on existing components. The directed deposition of energy and material allows the cost-efficient processing of high-value materials on less expensive base materials. However, due to the different material properties, the manufacturing process tends to lead to critical and costly defect formation, particularly in the form of cracking and delamination. Sensor systems offer the possibility for early defect detection and process control.

However, the selection of a suitable sensor system is considered as challenging. The first step of this thesis deals with the development of an assessment methodology to evaluate the potential of sensor technologies in the Laser Metal Deposition processes. Taking 34 sensor configurations into account, the analysis of airborne acoustic emissions was identified as a robust, flexible and cost-effective measurement method with high development potential. Following on from this, the research objective for the second stage of the work is to develop an acoustic monitoring system that identifies and classifies critical defects in the process and localizes them in the processing area.

The development of the monitoring system is divided into two subsystems: subsystem I and II. Subsystem I focuses on the time- and frequency-resolved analysis of acoustic process emissions using a directional microphone. During the process, transient acoustic events can be identified that are associated with glass breaking noises. Signal analysis by means of Short Time Fourier Transformation proves to be efficient by comparison with a Convolutional Wavelet Transform and is used for signal characterisation. The acoustic events show a characteristic frequency spectrum around 12 kHz. Knowledge of the frequency spectrum enables the use of efficient signal filters to highlight relevant events. By analysing the occurring defects, the degree of delamination is defined as a measurable quality parameter for defect classification. A significant correlation can be established between the degree of delamination and the time until a strong transient event occurs, which enables critical defects to be identified. Subsystem II is used for the spatially resolved assignment of acoustic events in order to be able to differentiate between defective and defect-free components in the build job. The Time Difference of Arrival method proves to be optimal for the present application. As part of the concept development, a circular arrangement of six sensors and the use of the difference-squared method to identify the runtime differences achieves the best localization performance. In the validation phase, both subsystems are tested under real process conditions and further measures are taken to improve the localization performance.

The final monitoring system enables in-process monitoring of acoustic process emissions, identification of acoustic events that correlate to defects and localization of these events. This enables users of the production process to detect critical defects at an early stage, take process control measures and ultimately significantly reduce process time and costs.

Inhaltsverzeichnis

Formelverzeichnis

Symbol	Beschreibung	Einheit
A	Potential nach Integrationsaufwand	-
A_p	Laserspotdurchmesser	mm
A_x, A_y	X- und Y-Koordinaten von Sensor A	mm
α	Winkel zwischen extern integrierter Sensorik und Bearbeitungsachse	°
β	Winkel zwischen intern integrierter Sensorik und Bearbeitungsachse	°
c_s	Ausbreitungsgeschwindigkeit	m/s
γ	Adiabatenexponent	-
$d_{s,A,B}$	Distanz zwischen Signal A und B	m
D_{xy}	Differenz zwischen Signal X und Y	-
D^2_{xy}	Differenzquadrat zwischen Signal X und Y	-
EP	Potential nach Entwicklungspotential	-
ES	Abschätzung des Entwicklungsstandes	-
$F_{rück}$	Rückstellkraft durch lokale Druckänderung	N
f_s	Abtastrate	Hz
f_{trans}	Frequenzspektrum von transienten Ereignissen	Hz
g_k	Knotengewicht	-
g_s	Stufengewicht	-
IA	Potential nach Aufwandsgruppe	-
IG	Potential nach Investitionsgruppe	-
i_{max}	Index beim Erreichen eines oberen Schwellwertes	s
i_{min}	Index beim Erreichen eines unteren Schwellwertes	s
I_{max}	Maximale Intensität der normalisierten Signalamplitude	V²
$I_{schwell}$	Schwellintensität der normalisierten Signalamplitude	V²
KF	Potential nach Kostenfaktoren	-
λ	Wellenlänge	nm
M	Molare Masse des Gases	kg/mol
MAE_x	Mittlere Lokalisierungsabweichung in x-Dimension	mm
MAE_{xy}	Betrag der mittleren Lokalisierungsabweichung	mm
MB	Potential nach Messbereich	-
m_p	Pulvermassenstrom	g/min
$\mu_{Pos,\,x}$	Mittleres Lokalisierungsergebnis in x-Dimension	mm
NF	Potential nach Nutzenfaktoren	-
n_{fern}	Anzahl der Lokalisierungsergebnisse im Fernumfeld	-
n_{LPA}	Anzahl der Lokalisierungsergebnisse in der LPA-Struktur	-
n_{nah}	Anzahl der Lokalisierungsergbnisse im Nahumfeld	-
n_{trans}	Gruppierte Datenpunkte eines transienten Ereignisses	-
$n_{t,ver}$	Diskrete Verschiebung zwischen zwei Signalen	-
P	Laserleistung	W
p_0	Umgebungsdruck	hPa
p_{eff}	Resultierender Druck aus Schallwellen	Pa
$p(x,t)$	Druckänderungsfunktion in Abhängigkeit von Ort x und Zeit t	Pa

Q	Potential nach Identifizierbarkeit von Qualitätsgröße	-
Q_W	Transportierte Energie einer Welle	J
r_{xy}	Kreuzkorrelationswert zwischen Signal X und Y	-
$r_{n,xy}$	Normierter Kreuzkorrelationswert zwischen Signal X und Y	-
R	Universelle Gaskonstante	J/molK
RB	Potential nach Robustheit	-
R^2	Bestimmtheitsmaß	-
ρ_{Gas}	Gasdichte	kg/m³
S_a	Signalwert von Signal A	-
S_x, S_y	X- und Y-Koordinaten von Signal	mm
$S_{y,AB}$	Laufzeitunterschiedfunktion zwischen Signal S und Sensor A und B	mm
σ_x, σ_y	Standardabweichung des mittleren Lokalisierungsergebnisses in x- und y-Dimension	mm
σ_{xy}	Betrag von Standabweichung des mittleren Lokalisierungsergebnisses	mm
T	Temperatur	K
$t_{schwell,s}$	Zeit bis zum Auftreten eines starken, transienten Ereignisses	s
t_s	Zeitlicher Abstand nach Diskretisierung	s
t_{Spek}	Zeit zur Berechnung von Frequenzspektrogrammen	s
v_s	Schweißgeschwindigkeit	mm/s
v_{sg}	Schutzgasstrom	l/min
ω_n	Grundfrequenz	Hz
X	Frequenzspektrum aus der Fourier-Transformation	-
Z	Z-Score	-
z_{max}	Maximales Spaltmaß	mm
z_{min}	Minimales Spaltmaß	mm
z_{spalt}	Durchschnittliches Spaltmaß	mm

Abkürzungsverzeichnis

2D	Zweidimensional
3D	Dreidimensional
AE	Akustische Emissionen
AD	Analog-Digital
AM	Additive Manufacturing
ANN	Artificial Neural Network
AOA	Angle of Arrival
Ar	Argon
BBM	Bartlett Beamforming Methode
BJT	Binder Jetting
CAD	Computer Aided Design
CCD	Charge-coupled device
CFK	Kohlefaserverstärkter Kunststoff
CNN	Convolutional Neural Network
CMOS	Complementary Metal Oxide Semiconductor
CWT	Convolutional Wavelet Transformation
DED	Directed Energy Deposition
DFT	Diskrete Fourier-Transformation
DIN	Deutsches Institut für Normung
DOA	Direction of Arrival
DOE	Design of Experiments
DSLR	Digital Single-lens Reflex
EKG	Elektrokardiogramm
FBBM	Fast Bartlett Beamforming Methode
FFT	Fast Fourier Transformation
FGA	Functionally Graded Materials
GPS	Global Positioning System
GPU	Graphical Processing Unit
IMID	Inter Microphone Intensity Difference
IR	Infrarot
KF	Kostenfaktoren
KI	Künstliche Intelligenz
KIT	Karlsruhe Institute of Technology

LMD	Laser Metal Deposition
LOF	Local Outlier Factors
LPA	Laser-Pulver-Auftragschweißen
LSM	Least Squared Methode
MAE	Mean Absolute Error
MCMC	Markov Chain Monte Carlo
MEX	Materialextrusion
MJT	Material Jetting
ML	Machine Learning
MSE	Mean Squared Error
MQTT	Message Queuing Telemetry Transport
NF	Nutzenfaktoren
Ni	Nickel
NiTi	Nickel-Titan
Nd:YAG	Neodym-dotierter Yttrium-Aluminium-Granat-Laser
PBF	Powder Bed Fusion
PBF-LB/M	Powder Bed Fusion with Laser Beam of Metals
PLB	Pencil Lead Breaktest
QS	Qualitätssicherung
SNR	Signal-to-noise ratio
SPR	Steered Power Response
STFT	Short Time Fourier Transformation
TCP	Tool Center Point
TCP/IP	Transmission Control Protocol / Internet Protocol
TDOA	Time Difference of Arrival
Ti	Titan
TOA	Time of Arrival
TPU	Thermoplastisches Polyurethan
VDI	Verein Deutscher Ingenieure
VDMA	Verband Deutscher Maschinen- und Anlagenbauer
VPP	Vat-Photopolymerisation
WAAM	Wire Arc Additive Manufacturing
W-LAN	Wireless Local Area Network
µCT	Mikro Computer-Tomographie

Abbildungsverzeichnis

Tabellenverzeichnis

1 Motivation und Einleitung

In diesem Kapitel wird einleitend die Motivation für die vorliegende Arbeit beschrieben, aus der sich die Zielsetzung und Struktur der Dissertation ableitet.

1.1 Prozessstabilität beim Laser-Pulver-Auftragschweißen

Additiven Fertigungsverfahren wird aufgrund ihrer Ressourceneffizienz und Flexibilität eine bedeutende Rolle in der Produktion zugesprochen. Der weltweit steigende Umsatz in diesem Bereich über die letzten 35 Jahre von durchschnittlich 25,2 % pro Jahr unterstreicht die vielversprechenden Zukunftsaussichten dieser Produktionsverfahren [1]. Das Laser-Pulver-Auftragschweißen (LPA) ist ein additives Fertigungsverfahren, das besonders in den letzten Jahren ein starkes Wachstum – sowohl in der Forschung als auch in der Industrie – verzeichnet. Da die Industrialisierungsrate im Vergleich zur pulverbettbasierten additiven Fertigung geringer ist, wird dem mit dem Verfahren verbundene Markt in den nächsten Jahren ein hohes Wachstumspotential prognostiziert [2]. Beim LPA-Prozess werden durch einen gerichteten Material- und Energieeintrag schichtweise metallische Strukturen auf einem Grundmaterial erzeugt. Daher eignet sich LPA-Verfahren ideal zum Direktauftrag von komplexen Elementen aus hochwertigen Werkstoffen auf bereits produzierten Halbzeugen aus weniger hochwertigen Materialien. Dieser hybride Fertigungsansatz verkürzt die Durchlaufzeit und reduziert Produktionskosten [3]. Ein Beispiel hierfür ist der Auftrag von Nickel-Titan-Strukturen (NiTi-Strukturen), die durch die superelastischen Materialeigenschaften ein hohes Anwendungspotential für metallische Dichtelemente bietet. Metallische Dichtelemente sind insbesondere bei Anwendungen mit hohen Betriebstemperaturen und -drücken notwendig, wie bspw. in modernen Anlagen in der Energietechnik [4, 5]. Der Materialauftrag auf Substratmaterialien erfordert dabei grundsätzlich die Schweißbarkeit beider Werkstoffe. Allerdings kommt es bei ungünstigen Materialpaarungen häufig zur Defektbildung in der Fügezone und Grenzfläche zwischen Substratmaterial und neu aufgetragener Struktur. Zu diesen Defekten gehören Risse, die bei starker Ausprägung zur Delamination führen [6]. Dem Auftrag von NiTi-Elementen auf Ti-Halbzeugen wird in der additiven Fertigung ein hohes Potential zugesprochen, dennoch neigt die Werkstoffpaarung zur kritischen Rissbildung, die insb. bei metallischen Dichtelementen zum Versagen des Dichtelementes führt [7]. Dabei können die kritischen Defekte bereits zu Prozessbeginn auftreten; bei einem mehrstündigen oder gar mehrtägigen Produktionsprozess ist die Identifikation des defektbehafteten Bauteils besonders teuer. Neben der intensiven Prozessparameterentwicklung und Variation der Aufbaustrategie ist die sensorische Prozessüberwachung daher ein sinnvolles Werkzeug zur Qualitätssicherung. Durch die frühzeitige Erkennung von kritischen Defekten können prozesssteuernde Maßnahmen ergriffen werden und die Ausschussproduktion reduziert werden. Dies resultiert in einer verkürzten Durchlaufzeit und verbesserten Produktionskosten [3]. Voraussetzung hierfür ist die zuverlässige Defektidentifikation und -klassifizierung. Da in einem Baujob üblicherweise mehrere Bauteile gleichzeitig produziert werden, ist zudem die zuverlässige Zuordnung von identifizierten Defekten zu einem Bauteil erforderlich.

Die Auswahl eines geeigneten Sensorsystems bedarf dabei tiefgreifendes Prozess-, Mess- und Qualitätsverständnis. Als Entscheidungshilfe soll im Rahmen der vorliegenden Arbeit eine Methode zur Potentialbewertung von Sensorverfahren im LPA-Prozess entwickelt werden. Auf Basis der Potentialbewertung ist das **Ziel der Arbeit** zudem die Identifikation und Entwicklung eines Sensorverfahrens, welches kritische Riss- und Delaminationsdefekte frühzeitig erkennt, klassifiziert und im Bauraum lokalisiert.

1.2 Aufbau der Arbeit

Zur Erreichung des genannten Ziels wird zunächst in Kapitel 2 der Stand der Wissenschaft und Technik untersucht und die Wissensgrundlage für den Entwicklungsprozess geschaffen. In Kapitel 3 wird anschließend der Forschungsbedarf hervorgehoben, der auf Lücken des Stands der Wissenschaft und Technik aufbaut. Aus dem Forschungsbedarf werden Forschungsfragen hergeleitet und eine methodische Herangehensweise zur Lösung der Fragen entwickelt.

Im 4. Kapitel wird eine Bewertungsmethode zur Identifikation eines geeigneten Sensorverfahrens entwickelt. Das Kapitel schließt mit der Identifikation der Überwachung von luftschallbasierten akustischen Emissionen (AE) als geeignete Sensorkonfiguration und der Anforderungsdefinition für dieses Verfahren im LPA-Prozess ab.

In Kapitel 5 wird ein Monitoringkonzept für die Analyse von akustischen Luftschallemissionen erforscht. Für die zeit- und frequenzaufgelöste AE-Analyse werden die auftretenden Defekte, AE und Prozessumgebung charakterisiert; es wird die Korrelation zwischen Defektbildung und AE im Prozess erarbeitet. Weiterhin wird ein Lokalisierungskonzept der AE im Prozessraum unter Laborbedingungen entwickelt.

In Kapitel 6 werden die zuvor entwickelten Konzepte validiert. Hierzu werden die Konzepte zunächst in die reale LPA-Prozessumgebung überführt, um sie dann zu analysieren und zu bewerten. Für die Bewertung wird die In-Prozess-Fähigkeit des entwickelten Monitoringsystems untersucht. Abschließend wird ein Steuerungskonzept für die vollautomatisierte Prozesssteuerung entworfen.

Im 7. Kapitel werden alle Ergebnisse zusammengefasst und ein Ausblick zukünftiger Forschungsbereiche aufbereitet.

2 Stand der Wissenschaft und Technik

Das folgende Kapitel gibt einen Überblick über den Stand der Wissenschaft und Technik zu den relevanten Themen des Forschungsziels. Hierdurch wird die Grundlage des Forschungsbedarfs erarbeitet.

2.1 Additive Fertigungsverfahren und Laser-Pulver-Auftragschweißen

Die additiven Fertigungsverfahren zählen zur ersten Hauptgruppe der Fertigungsverfahren, dem Urformen. Gemäß der Norm DIN 8580 wird Urformen definiert als der Prozess der Herstellung eines festen Körpers aus formlosem Stoff durch die Schaffung von Zusammenhalt. Die Gruppe Urformen durch additive Fertigung ist nach Norm (vgl. [8]) in die folgenden Untergruppen unterteilt:

- Freistrahl-Bindemittelauftrag (BJT)
- Materialauftrag mit gerichteter Energieeinbringung (DED)
- Materialextrusion (MEX)
- Freistrahl-Materialauftrag (MJT)
- pulverbettbasiertes Schmelzen (PBF)
- badbasierte Photopolymerisation (VPP)

Im Englischen wird die Gruppe der additiven Fertigungsprozesse als Additive Manufacturing (kurz: AM) bezeichnet. Die Kurzform AM hat sich auch im deutschen Sprachgebrauch durchgesetzt und wird in dieser Arbeit als Abkürzung für die additiven Fertigungsverfahren verwendet. AM-Verfahren zeichnen sich durch eine exzellente Materialeffizienz aus; schichtweise wird Material nur dort generiert, wo es für ein finales Bauteil benötigt wird. Der schichtweise Strukturaufbau ermöglicht außerdem die Herstellung von sehr komplexen Geometrien – z.B. bionischen Strukturen – die aus der Natur inspiriert ideale Kraftflüsse in Bauteilen ermöglichen und somit für Leichtbauteile prädestiniert sind [3].

Das bekannteste AM-Verfahren im Metallbereich ist das pulverbettbasierte Schmelzen von Metallpulver mittels Laserstrahl (engl.: Powder Bed Fusion of Metal Powder using Laser Beam, kurz PBF-LB/M). Das Verfahren kann im Produktionseinsatz den Materialverbrauch drastisch reduzieren und eine ressourceneffiziente Produktion und Bauteilanwendung ermöglichen. Daher findet PBF-LB/M immer häufiger Anwendung in der Produktion komplexer Teile in kleinen Stückzahlen in verschiedenen Sektoren, darunter in der Luft- und Raumfahrt, Medizintechnik, im Energiesektor sowie in der Automobilindustrie und dem Motorsport. Der globale Markt ist durch ein stetiges Wachstum in den letzten 18 Jahren gekennzeichnet [1, 2].

Im Rahmen der vorliegenden Arbeit wird das AM-Verfahren Laser-Pulver-Auftragschweißen (LPA) angewendet, welches der zweiten Untergruppe – Materialauftag mit gerichteter Energieeinbringung (DED, engl.: Directed Energy Deposition) nach Norm DIN 8580 – zugeordnet wird. Zur Spezifizierung wird beim Materialauftrag mit gerichteter Energieeinbringung nach zwei Kriterien unterschieden: der Energiequelle und der

Materialzufuhr. Neben dem Laser kann Energie in Form eines Elektronenstrahls oder Lichtbogens eingesetzt werden. Das Material wird entweder in Form von Pulver oder Draht zugeführt [8].

Laser-Pulver-Auftragschweißen

Im LPA-Prozess wird Laserstrahlung auf der Werkstückoberfläche fokussiert und so eine lokale Schmelzzone erzeugt. Ein Pulvermassenstrom wird in das Schmelzbad geführt, sodass beim Eintritt in die Schmelzzone ein Schmelzvorgang des Pulvers stattfindet. Es resultiert eine schmelzmetallurgische Bindung, die zu einem Materialauftrag führt. Dieser Prozess findet über den Vorschub entlang der Zielgeometrie statt, bis Schicht für Schicht eine neue LPA-Struktur erzeugt wurde. Der Vorschub wird in den meisten Systemen durch eine Knickarm- oder Gantry-Kinematik ausgeführt [3]. Die Funktionsweise ist schematische dargestellt in Abbildung 2.1.

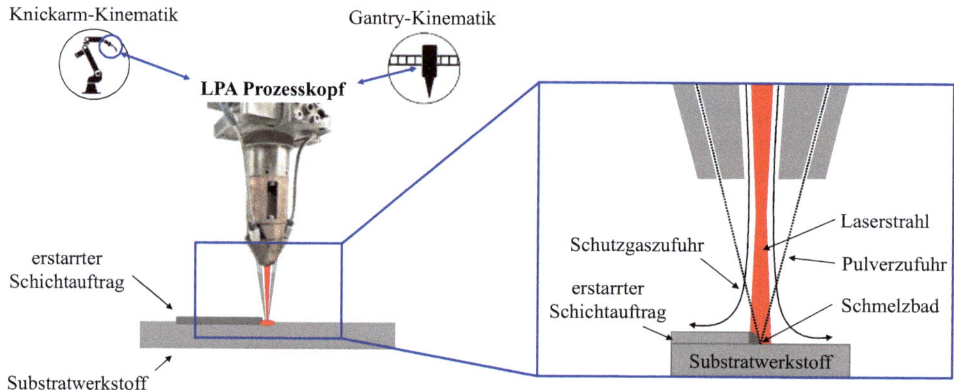

Abbildung 2.1:   Schematische Darstellung der Wirkungsweise des LPA-Verfahrens

Der Prozess lässt sich über die Prozessparameter steuern, die sich in direkt-kontrollierbare Prozessparameter (wie bspw. die Laserleistung), indirekt-kontrollierbare Prozessparameter (Pulverstrahl) oder nicht-kontrollierbare Prozessparameter (Wellenlänge des Lasers) untergliedern. Die wichtigsten direkt-kontrollierbaren Prozessparameter sind die Laserleistung, die Vorschubgeschwindigkeit, der Pulvermassenstrom sowie die Leistungsdichteverteilung des Lasers [9]. Zu den wichtigsten messbaren Prozessgrößen gehören die Geometrie, die Temperatur sowie das Temperaturfeld des Schmelzbads, der Spur und des Substrats [10].

Das LPA eignet sich zur Herstellung von komplexen dreidimensionalen Strukturen und zur Reparatur und Beschichtung gegebener Bauteile. Die Möglichkeit, vorhandene Strukturen mit punktuellen Defekten reparieren zu können, ist ein entscheidender Vorteil des LPA gegenüber pulverbettbasierten additiven Fertigungsverfahren. Insbesondere bei sehr teuren Bauteilen, wie zum Beispiel Flugzeugturbinenschaufeln aus hochfesten Materialien, ist die Reparatur mittels LPA wirtschaftlich. Weiterhin lässt sich ein hybrider Fertigungsansatz realisieren, der aus der kosteneffizienten Fertigung von Halbzeugen und dem Auftragen von selektiven LPA-Strukturen auf dem Halbzeug besteht [1, 9]. Eine

Einschränkung des LPA-Prozesses ist die Auflösung und die Oberflächenqualität der gefertigten Bauteile im Vergleich zu pulverbettbasierten additiven Fertigungsverfahren [3].

Das LPA in Verbindung mit einer Knickarm-Kinematik bietet durch die Anzahl der Freiheitsgrade eine hohe Flexibilität und vielfältige Anwendbarkeit. Der Prozess lässt sich durch die vielfältigen Einflussfaktoren jedoch schwer beherrschen. Herausfordernd sind u.a. Prozessbereiche, in denen die Schmelzzone an das Substrat oder die bereits fertige Schicht grenzt. Hier wird die Schmelze stark unterkühlt, wodurch hohe Temperaturgradienten entstehen [11, 12]. Die Temperaturgradienten können zu hohen Abkühlgeschwindigkeiten führen, wodurch die Erstarrungs- und Schwindungsprozesse des Materials in einem schnelleren Tempo ablaufen, als die Schmelze nachrücken kann. Dies führt zu Spannungskonzentrationen im Werkstoff, die als Eigenspannungen innerhalb des Bauteils bekannt sind. Bei ausgeprägten Spannungen können diese sich in Form von Heißrissen oder Delaminationen ausprägen; andernfalls fördern sie die Anfälligkeit des Werkstücks für Sprödbrüche [3, 6].

Die beschriebenen Defekte – Heißrisse und Delaminationen – werden im Abschnitt 2.2 näher erläutert.

2.2 Direktauftrag von NiTi auf artfremden Substratmaterialien

Die Formgedächtnislegierung Nickel-Titan (NiTi) besitzt superelastische Materialeigenschaften und kann unter bestimmten Umgebungsbedingungen einen verformenden Formgedächtniseffekt abrufen. Unter dem Effekt wird die Fähigkeit von Werkstoffen verstanden, ihre ursprüngliche Form nach einer Deformation unter Einfluss einer bestimmten Temperatur erneut anzunehmen [13]. So können NiTi-Bauteile ihre Geometrie unter sich ändernden Umgebungstemperaturen verändern. Entscheidend hierfür ist die Transformationstemperatur, die den Übergang zwischen den Kristallstrukturen der Austenit-Phase und der Martensit-Phase beschreibt [13, 14]. Untersuchungen von HAMILTON et al. und BIMBER et al. zeigen das Erreichen der Formgedächtniseigenschaften nach dem additiven Fertigungsprozess [15, 16]. Die Verarbeitung von NiTi ist wegen der hohen Materialkosten prädestiniert für den Einsatz im LPA-Verfahren. Es ermöglicht den gezielten Auftrag von NiTi-Strukturen mit speziellen Werkstoffeigenschaften auf einem vergleichsweise günstigen Substratmaterial aufzutragen. Der selektive Einsatz des kostenintensiven NiTi kann die Gesamtkosten des Bauteils signifikant senken. Eine Vielzahl an jüngsten Forschungsergebnissen zeigt die Relevanz von additiv gefertigten NiTi-Strukturen [17]. Auf Grund der genannten Materialeigenschaften von NiTi lassen sich spezielle Aktorelemente auf Bauteile integrieren, die beim Erreichen einer Schwelltemperatur eine Bewegung ausführen [14]. Eine potentielle Anwendung ist der Einsatz von NiTi-Stents in der Medizintechnik, die sich nach die Einführung in den menschlichen Körper kontrolliert verformen [7].

Durch die superelastischen Eigenschaften ist der Direktauftrag von NiTi-Strukturen mit einem harten Gegenstück außerdem attraktiv für die Anwendung als metallisches Dichtelement. Superelastische Eigenschaften besitzen Materialien, die nach einer Deformation in ihre ursprüngliche Form zurückkehren, ohne dass eine plastische Verformung auftritt [14]. Metallische Dichtelemente sind insbesondere beim Vorkommen von sehr hohen Betriebstemperaturen und -drücken (z.B. im Energie- oder Chemiesektor) interessant; ein

Dichtelement aus NiTi mit superelastischen Werkstoffeigenschaften besitzt daher ein sehr hohes Anwendungspotential [4, 5, 18].

Voraussetzung für die beschriebene Anwendung ist das Erreichen einer materialschlüssigen Werkstoffverbindung. Bei der Verwendung von zwei unterschiedlichen Werkstoffen ist die Fügeaufgabe i.d.R. besonders anspruchsvoll. Die unterschiedlichen Materialeigenschaften führen zu einer begünstigten Defektbildung in der Fügezone [19]. Daher ist auf eine geeignete Werkstoffpaarung zu achten. NiTi besteht aus den Elementen Nickel und Titan, deshalb eignen sich Substratmaterialien aus Titan- und Nickel-basierten Legierungen. Insbesondere reines Titan oder Titanlegierungen werden als Substratmaterial verwendet. Der NiTi-Strukturauftrag auf Titan wurde u.a. von SCHEITLER et al., BIFFI et al., SKHOSANE et al. und HAMILTON et al. untersucht [19–22]. Dabei wurden in allen Experimenten die Herausforderungen der Werkstoffverbindung hervorgehoben. Durch die hohe Abkühlgeschwindigkeit kommt es zu einer ungünstigen Mikrostrukturbildung (z.B. Ti_2Ni-Phase), zusätzlich herrscht zwischen den verschiedenen Materialien ein Gradient in der Abkühlgeschwindigkeit. Es entstehen zwei bekannte Defektformationen: der Heißriss und die Delamination.

<u>Heißriss</u>

Im thermischen Fügeverfahren können Eigenspannungen im Bauteil entstehen, die sich bei hohen Temperaturen durch plastische Verformung lösen können. Mit fortschreitender Abkühlung sinkt die plastische Verformbarkeit des Werkstoffs deutlich, wodurch diese Eigenspannungen nicht abgebaut werden können. Kommt es im Verlauf des Prozesses zu weiteren Eigenspannungen, so können diese zu einem Heißriss führen, mit dem die Eigenspannungen abgebaut werden. Dieser Riss verläuft in der Regel entlang der Korngrenzen, da das atomare Bindungsgefüge hier gestört ist und der Riss weniger Energie benötigt, um sich fortzupflanzen [12, 23].

<u>Delamination</u>

Bei einer Delamination handelt es sich um eine teilweise oder vollständige Ablösung der Schicht von der darunterliegenden Schicht oder dem Substrat. Sie tritt dann auf, wenn die Schichten nicht ausreichend miteinander oder mit dem Substrat verbunden sind, und ist ein Mechanismus des Werkstoffs, um die beschriebenen Eigenspannungen abzubauen. Der Grund hierfür liegt in einer nicht ausreichenden schmelzmetallurgischen Verbindung der Schichten. Besonders oft treten Delaminationen zwischen dem Substrat und der ersten Schicht auf, wenn das Substrat relativ zur Schmelzzone ein großes Volumen aufweist und nicht vorgeheizt wird. Die in diesem Fall hohen Temperaturgradienten lassen die Schmelze in der Durchmischungszone so schnell unterkühlen, dass es kaum zu einer ausreichenden Verbindung zwischen Substrat und erster Schicht kommt. Im Gegensatz zu einem Heißriss, der überall im Bauteil auftreten kann, findet die Delamination also immer in der Grenzfläche Substrat-Schicht oder Schicht-Schicht statt [24–26].

Eine Vorwärmung des Substatmaterials kann zur günstigeren Bildung der Werkstoffverbindung ohne Defektbildung führen [19, 20]. Außerdem kann eine feindetaillierte Prozessparameterentwicklung und Anpassung der Aufbaustrategien zu einem verbesserten Auftrag der NiTi-Strukturen führen [27]. Zur Erhöhung der Prozessstabilität lassen sich Sensorsysteme einsetzen, welche die wichtigsten messbaren Prozessgrößen während des LPA-Prozesses überwachen. Je nach Defektformation und Prozesseigenschaft kann somit eine zuverlässige und gleichmäßige Bauteilqualität erreicht werden [3, 10].

Der aktuelle Stand der Forschung zu den durch LPA erzeugten NiTi-Strukturen auf Ti-Substraten verdeutlicht das erhebliche Anwendungspotential, das sich bei einer erfolgreichen Werkstoffverbindung ergibt. Dennoch zeigt sich im gegenwärtigen Entwicklungsstadium, dass der Prozess nach wie vor Herausforderungen mit sich bringt und anfällig für Rissbildungen sowie Delaminationen der LPA-Strukturen ist. Die sensorische Überwachung des Prozesses im genannten Anwendungsfall wird daher als sinnvoll betrachtet.

2.3 Sensorik für das Laser-Pulver-Auftragschweißen

2.3.1 Grundlagen der Sensorik

Sensorik wird im Allgemeinen in Fertigungsprozessen angewendet, um Daten aufzuzeichnen und diese zu speichern, sodass ein Nutzen aus den Daten generiert werden kann. So können die aufgezeichneten Daten bspw. für die Steuerung eines automatisierten Fertigungsprozesses verwendet werden. Unter der Sensorik lassen sich die Begriffe Sensorsystem, Multisensorsystem und Sensorelement unterordnen. Der Zusammenhang ist in Abbildung 2.2 dargestellt [28].

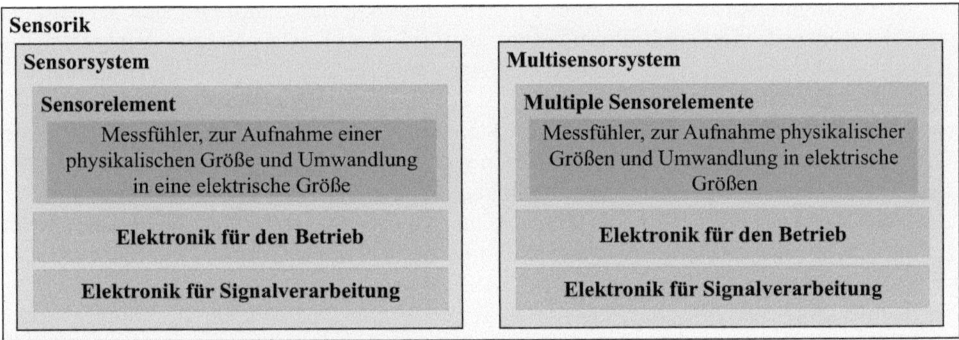

Abbildung 2.2:   Einordnung von Sensorelementen, Sensorsystemen und Multisensorsystemen in der Sensorik nach [28]

Eine Sensorik kann aus einem Sensorsystem oder einem Multisensorsystem bestehen. Ein Sensorsystem besteht aus einem Sensorelement, der Elektronik für den Betrieb sowie der Elektronik für die Signalverarbeitung. Sobald mehrere Sensorelemente zum Einsatz kommen, wird von einem Multisensorsystem gesprochen [28].

Sensorelemente nehmen physikalische Größen auf und wandeln diese in elektrische Größen um. Der Sensor ist ein technisches Bauteil, welches aus einer nicht elektrischen Messgröße ein eindeutiges elektrisches Signal erzeugt. In der Praxis werden heute ca. 100 physikalische und chemische Wirkprinzipien in Sensoren genutzt, um nutzbare elektronische Signale zu erzeugen [28]. Während dafür heutzutage primär digitale Messgeräte eingesetzt werden, wurden bis zur Mitte der 1980er Jahre maßgeblich analoge Messgeräte eingesetzt [29]. Die von Sensoren aufnehmbaren physikalischen Größen werden Messgrößen genannt, während die in elektrische Signale umgewandelte Größen als Hilfsgrößen bezeichnet werden. Die Messgrößen hängen direkt oder indirekt mit Prozess- oder Qualitätsgrößen des beobachteten Prozesses bzw. des entstehenden Bauteils zusammen, deren

Verknüpfung es mittels Hilfsgrößen zu interpretieren gilt [30]. Der beschriebene Zusammenhang der Begrifflichkeiten ist schematisch in Abbildung 2.3 veranschaulicht.

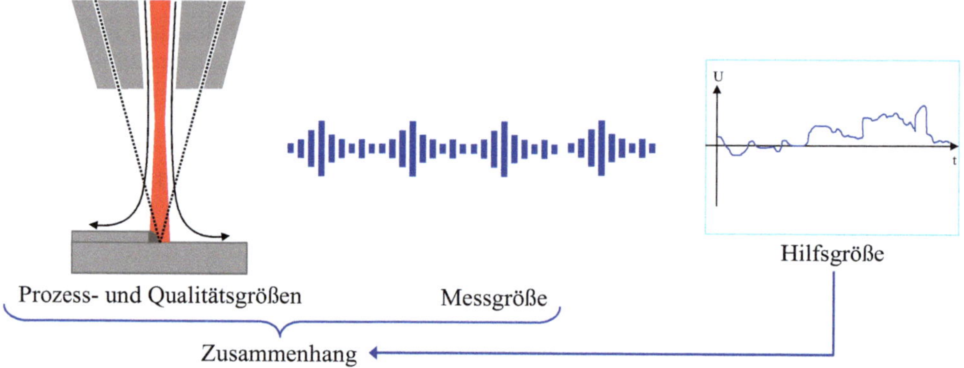

Abbildung 2.3:   Prozessgrößen, Messgrößen und Hilfsgrößen in der Messtechnik (vgl. [31])

2.3.2 Auswahl von Sensorsystemen

Da jeder Fertigungsprozess individuelle Eigenschaften besitzt, empfiehlt sich bei der Auswahl der Sensorik die Durchführung einer ausführlichen Kosten-Nutzen-Analyse, bspw. in Form einer technisch-wirtschaftlichen Bewertung. Technisch ist es selten möglich, alle Anforderungen an die Sensorik zu treffen, weshalb in der Praxis häufig ein Kompromiss zwischen Kriterien, wie z.B. der Abtastrate, der Auflösung, der Empfindlichkeit, der Messgenauigkeit oder den Kosten, getroffen werden muss [29]. Als allgemeine Entscheidungshilfe bieten hierfür Gremien, Organisationen, Verbände und Forschungsinstitute Leitfäden zur Auswahl geeigneter Messverfahren und Sensorik für gegebene Anforderungen, wie bspw. der *Leitfaden Sensorik für Industrie 4.0* vom Verband Deutscher Maschinen- und Anlagenbau (VDMA) und dem wbk Institut für Produktionstechnik des Karlsruher Instituts für Technologie (KIT) [32]. Eine für das Laser-Pulver-Auftragschweißen maßgeschneiderte Auswahlhilfe bieten die genannten Leitfäden jedoch nicht an. Zur systematischen Auswahl von Sensorsystemen hilft die Einordnung nach Integrationstypen, Messverfahren und Mess- bzw. Qualitätsgrößen, die nachfolgend kurz beschrieben wird:

Einordnung von Sensorsystemen nach Integrationstypen

Bei der Integration von Sensorsystemen in die Prozesskette des Laser-Pulver-Auftragschweißens lässt sich grundsätzlich der Integrationstyp nach Zeit und Ort untergliedern. Hierzu ist bei der Betrachtung von Prozessketten und Prozessen im Allgemeinen die Einteilung in vor- und nachgelagerte Prozessschritte hilfreich. Die vorgelagerten Prozessschritte werden auch unter dem Begriff der Pre-Prozessschritte, die nachgelagerten Prozessschritte unter dem Begriff der Post-Prozessschritte zusammengefasst. Analog lässt sich die Bezeichnung auf Subprozessschritte und Aktivitäten erweitern [33]. Integrationstypen von Sensorsystemen werden meist durch die Begriffe Inline (In-Line), Online, Offline, In-Situ, Ex-Situ, On-Axis oder Off-Axis beschrieben. Eine eindeutige, herstellerunabhängige Definition der Integrationstypen besteht derzeit nicht. Dennoch herrscht weitestgehend ein allgemeines Verständnis zu den jeweiligen Integrationstypen, welches in Tabelle 2.1 zusammengefasst ist.

Tabelle 2.1:   Integrationstypen von Sensorsystemen in additiven Fertigungsprozessen

Integrations-typ	Örtliche Einordnung	Zeitliche Einordnung	Quelle
In-Line, Inline	Integriert entlang der Prozesskette in vor- oder nachgelagerten Prozessschritten	Automatisierte Messung während des Fertigungsprozesses	[34]
On-Line, Online	Externe, permanente Messung unmittelbar am Ort des Fertigungsprozessschrittes	Automatisierte, permanente Messung während des Fertigungsprozesses	[35–37]
Offline	Externer, nachgelagerter Prozessschritt	Manuelle Messung nach dem Fertigungsprozess	[34]
In-situ	Messung unmittelbar am Ort des Fertigungsprozessschrittes	Messung während des Fertigungsprozesses	[10]
Ex-situ	Messung außerhalb des Ortes des Fertigungsprozessschrittes	Messung nach dem Fertigungsprozess	[38, 39]
In-Prozess	unbestimmt	Messung während des Fertigungsprozesses in Echtzeit	[40, 41]
On-Axis	Optisches Messverfahren, nutzt die optische Achse des Fertigungsprozesses	Messung vor, während und nach dem Fertigungsprozess	[42–44]
Off-Axis	Optisches Messverfahren, nutzt eine eigene optische Achse	Messung vor, während und nach dem Fertigungsprozess	[42, 45, 46]

Sensorsysteme, die in der Prozesskette in vor- oder nachgelagerten Prozessschritten eingebunden sind und automatisierte Messungen durchführen, werden übergreifend als In-Line (Inline) Sensorsysteme bezeichnet. Findet die Messung permanent und unmittelbar am Ort des Fertigungsprozesses statt, spricht man von On-Line (Online) Sensorsystemen. Sobald die Messung nicht permanent, aber unmittelbar am Ort des Prozesses stattfindet, wird die Sensorik als In-situ System beschrieben. Ex-situ Sensorsysteme sind dagegen örtlich außerhalb und zeitlich nach dem Fertigungsprozess integriert, können aber dennoch automatisiert arbeiten. Sobald manuelle Aktivitäten notwendig sind, spricht man vom Integrationstyp Offline. Grundsätzlich lassen sich alle Messsysteme, die während des Fertigungsprozesses Daten in Echtzeit akquirieren, als In-Prozess Sensorsysteme bezeichnen. Der Aufnahmeort ist bei dieser Integrationseinordnung jedoch unbestimmt.

Da bei Laser-basierten Fertigungsprozessen häufig optische Messverfahren zum Einsatz kommen, wurde die zusätzliche Klassifizierung ‚On-Axis' und ‚Off-Axis' eingeführt. Während On-Axis Systeme die optische Achse des Fertigungsprozesses nutzen, bspw. den Strahlengang der Laserschweiß-Optik, sind Off-Axis Sensorsysteme außerhalb der optischen Achse des Fertigungsprozesses integriert und nutzen eine eigene optische Achse.

<u>Einordnung von Sensorsystemen nach Messverfahren</u>

Die in der Produktion eingesetzten Sensoren lassen sich in vier Gruppen untergliedern: optische, akustische, induktive und kontaktbasierte Messverfahren. Zu jeder Verfahrensgruppe lassen sich nach derzeitigem Forschungsstand 16 Sensorsysteme unterordnen [29]. Die Untergliederung ist in Abbildung 2.4 skizziert.

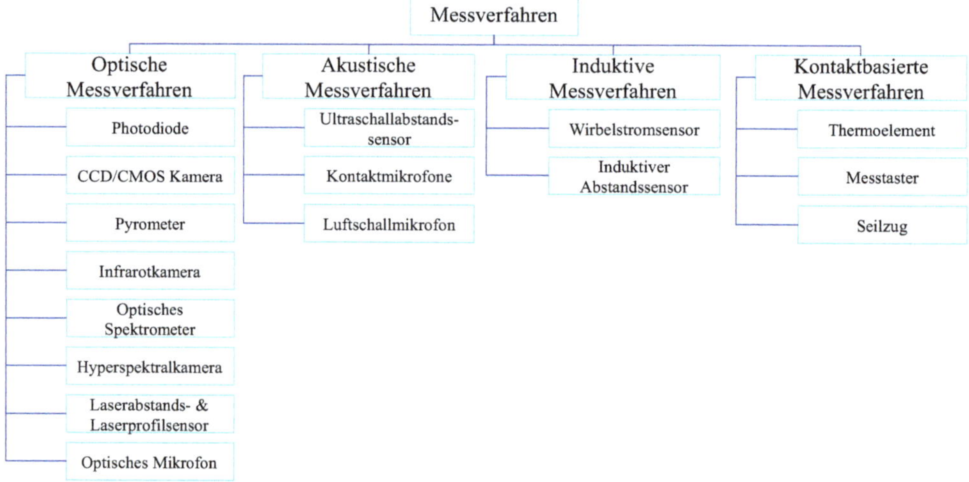

Abbildung 2.4:   Zuordnung von Sensorsystemen nach den vier Gruppen optische, akustische, induktive und kontaktbasierte Messverfahren (vgl. [29])

Die Gruppe der optischen Messverfahren ist die größte Gruppe und umfasst acht Sensorsysteme. Akustische Messverfahren, induktive Messverfahren und kontaktbasierte Messverfahren sind mit zwei bzw. drei Sensortypen deutlich weniger repräsentiert. Eine Aussage über die quantitative Verbreitung der Sensorsysteme wird nicht geliefert. Weiterhin ist zu beachten, dass die von den Sensorsystemen fokussierten Mess- bzw. Prozessgrößen je Messverfahren variieren. Ein Thermoelement wird bspw. zur Überwachung einer Kontakttemperatur eingesetzt, während ein Seilzug als Abstandsmessgerät verwendet wird. Zur Entwicklung einer Entscheidungshilfe bedarf es daher zusätzlich einer Zuordnung nach Mess- bzw. Prozess- oder Qualitätsgrößen.

<u>Qualitätsgrößen beim Laser-Pulver-Auftragschweißen</u>

Sensorsysteme nehmen Messgrößen, aus denen idealerweise Prozessgrößen oder Qualitätsgrößen beschrieben werden können [47]. Unter Prozessgrößen sind Größen wie die Schmelzbadtemperatur, Schmelzbadgröße oder die akustischen Emissionen zu verstehen. Bei einer sensorbasierten Prozessteuerung ist die zuverlässige Identifizierung von Prozessgrößen unerlässlich. In der Prozesssteuerung läuft ein Prozess stabil, sobald sich alle Prozessgrößen im angestrebten Prozessfenster befinden. Aus dem stabilen Prozess resultiert ein Prozessoutput von hoher Qualität; diese wird beschrieben durch Qualitätsgrößen, die sich bei guter Output-Qualität in einem vorgeschriebenen Bereich befinden. Soll ein Messverfahren explizit die Verhinderung einer bestimmten Defektbildung eingesetzt werden, ist die direkte Verknüpfung von Messgröße und Qualitätsgröße sinnvoll [9, 10, 48].

Die Qualitätsgrößen beim LPA-Prozess lassen sich nach MÖLLER in 7 Bereiche einordnen. Die Gruppen mit den entsprechenden Qualitätsmerkmalen sind in Tabelle 2.2 zusammengefasst.

Tabelle 2.2: Qualitätsmerkmale zur Beschreibung der Qualität des LPA-Prozesses (vgl. [9])

Q #	Qualitätsmerkmal
Q01	Geometrische Maßhaltigkeit (z.B. Geometrieabweichung)
Q02	Oberflächenbeschaffenheit (z.B. Welligkeit und Oberflächenrauheit)
Q03	Mechanische Eigenschaften (z.B. Elastizitätsmodul und Zugfestigkeit)
Q04	Mikrostruktur (z.B. Gefügetyp und Gefügeausprägung)
Q05	Chemische Komposition (z.B. Aufmischgrad und Abbrand)
Q06	Eigenspannung (z.B. Verformung)
Q07	Dichte (z.B. Poren und Risse)

Zur Differenzierung der Sensorsysteme lassen sich die Sensorsystemen im LPA-Prozess hinsichtlich ihrer Messverfahren, Integrationstypen sowie Mess- und Qualitätsgrößen klassifizieren. Die Wahl eines geeigneten Sensorsystems stellt eine anspruchsvolle Aufgabe dar und ist von zahlreichen individuellen Faktoren abhängig, die sowohl die hergestellten Bauteile als auch die verwendeten Fertigungsverfahren betreffen. Allgemeingültige Leitfäden zur Auswahl von Sensorsystemen erweisen sich aufgrund der Vielzahl an spezifischen Gegebenheiten im LPA-Prozess als unzureichend. Daher ist eine systematische Potentialbewertung erforderlich, welche möglichst viele individuelle, Einflussfaktoren berücksichtigt.

2.4 Akustische Sensorik

Das Monitoringsystem für den LPA-Prozess wird in dieser Arbeit auf Basis eines luftschallbasierten Messverfahrens entwickelt (vgl. Abschnitt 5). Aus diesem Grund werden im nachfolgenden Unterkapitel die Grundlagen und der aktuelle Forschungsstand zu akustischen Sensorsystemen mit dem Fokus auf luftschallbasierten Prozessemissionen beschrieben.

2.4.1 Grundlagen zu akustischen Prozessemissionen

Beim handgeführten Schweißen geben akustische Prozessemissionen, egal ob beim Lichtbogen- oder Laserschweißprozess, wertvolle Informationen über die Prozessstabilität. So hört die schweißende Person aus der Erfahrung bspw., ob das Abschmelzverhalten Anomalie-behaftet ist oder nicht. Da Menschen nur den Hörschall wahrnehmen können, beschränken sich die detektierbaren Frequenzen auf 2…20 kHz [28].

Akustische Emissionen (AE) – für Menschen als Geräusche, Töne oder einem Knall wahrnehmbar – entstehen durch schwingungsbasierte Anregung eines Fluids, also eines Gases oder einer Flüssigkeit, oder eines Festkörpers. Der Schall breitet sich durch Schallreflexion, Schallabsorption oder Schalldämmung aus [31]. Beispiele für eine schwingungsbasierte Anregung können eine schwingende Membran eines Lautsprechers, schwingenden Stimmbänder des Menschen oder ein schwingendes Bauteil sein. So schwingen ebenfalls die entstehenden Bauteile beim LPA-Prozess und emittieren charakteristische akustische Emissionen. Mechanische Wellen, die durch freiwerdende Energie entstehen, treffen auf Oberflächen von Festkörpern und werden an dieser reflektiert. Ein Teil der Energie wird dabei in Luftschall umgewandelt. Dabei regt die schwingende Oberfläche des Festkörpers die Gasmoleküle zu Schwingungen an. Detektierbar wird der Schall mittels Schallwandler, der elektrostatisch, elektrodynamisch, elektromagnetisch, piezoelektrisch oder piezoresistiv Wirkprinzipien nutzt. Das menschliche Gehör beschreibt ebenso eine Form des Schallwandlers [31].

In Flüssigkeiten und Gasen breitet sich - anders als in Festkörpern – der Schall nur durch Longitudinalwellen aus, da keine Scherspannung aufgenommen werden kann. Die Moleküle führen, in Ausbreitungsrichtung der Schallwelle, Schwingungen um ihre Gleichgewichtslage aus, was lokalen Druckänderungen des Gases entspricht [49–51]. Schematisch wird die lokale Druckänderung in Form einer Longitudinalwelle in Abbildung 2.5 dargestellt.

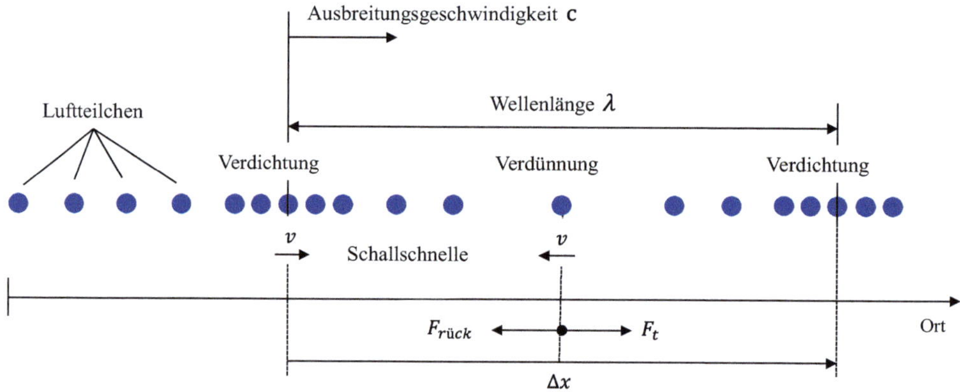

Abbildung 2.5:   Schematische Darstellung einer Longitudinalwelle in Luft mit Indikation der lokalen Druckunterschiede (vgl. [31, 52])

In einem schallwellenfreien Raum sind die Gasmoleküle in der Luft normalverteilt, mit einem mittleren Abstand, abhängig von der Temperatur und dem Druck. Bei konstanter Temperatur ist der einzige Faktor auf den Abstand der Gasmoleküle damit der Normaldruck, welcher mit 1013 hPa (p_0) angenommen wird. Dieser konstante atmosphärische Druck wird überlagert durch den Schalldruck der Schallwelle p, woraus eine Komprimierung und Dekomprimierung der Moleküle entsteht, dargestellt als Punkte in Abbildung 2.5 [49–51]. Hieraus leitet sich der örtliche und zeitliche Zusammenhang her:

$$p_{eff}(x,t) = p_0 + p(x,t) \qquad (2.1)$$

Betrachtet man nun einen beliebigen Ort, in Anwesenheit einer akustischen Welle im Zeitverlauf, so werden die normalverteilten Gasmoleküle zunächst mit der Schallschnelle v komprimiert, wodurch die Geschwindigkeit der Luftteilchen um ihre Ruhelage beschrieben wird. Dadurch sinkt ihr Abstand, der lokale Druck steigt und erzeugt eine

Rückstellkraft $F_{rück}$. Diese sorgt für eine Dekomprimierung, wodurch der lokale Druck kurzfristig unter p_0 fällt, bevor die Moleküle wieder komprimiert werden [49, 53].

Die transportierte Energie der Welle Q_w ist das Produkt der Faktoren Schalldruck p und Schallschnelle v und wird üblicherweise in Joule J angegeben.

$$Q_w = pv \tag{2.2}$$

2.4.2 Akustisches Monitoring in laserbasierten Fertigungsprozessen

Es existieren verschiedene Ansätze, um AE in laserbasierten Fertigungsprozessen zu überwachen und als Steuerungsgröße zu verwenden. Grundsätzlich wirkt der Laserstrahl in allen laserbasierten Fertigungsprozessen auf das Werkstück ein, erzeugt ein Schmelzbad und eine hitzebeeinflusste Zone im Werkstück. Akustische Emissionen entstehen durch freiwerdende Energie wie bspw. Materialverdampfung, Rissbildung, Porenbildung oder Delamination. Durch die beim Riss oder der Delamination freiwerdende Energie wird das Atomgitter in Schwingungen versetzt und es entstehen akustische Wellen, die sich im Festkörper ausbreiten [51, 54]. Es folgt ein Überblick über den Einsatz von akustischen Monitoringverfahren in den wichtigsten laserbasierten Fügeverfahren; dem Laserschweißen, PBF-LB/M und dem Laser-Auftragschweißen.

<u>Laserschweißen</u>

WHITTAKER et al. haben ein akustisches Überwachungssystem eingesetzt, um das gepulste und das kontinuierliche Laserschweißen zu überwachen und dabei Aussagen über die Laserschweißtiefe und optimale Laserfokusebene auf Basis der akustischen Emissionen entwickelt [55]. SCHOU et al. haben 1994 AE untersucht, um gezielt Schweißnahtfehler zu identifizieren. Es konnte auf Basis der akustischen Signatur mit dem Sensorsystem zwischen einer durchdringenden und einer nicht-durchdringende Schweißnahttiefe unterschieden werden und somit die Leistung des menschlichen Gehörs und der menschlichen Bewertung elektronisch umgesetzt werden. Als Kenngrößen wurden der Schallpegel und die charakteristische Frequenzen genutzt [56]. BASTUCK nutzt die hochfrequente Körper- und Luftschallanalyse, um eine Korrelation zwischen der Laserschweißnahtqualität und den AE zu entwickeln. Insbesondere hochfrequente Körperschallemissionen liefern eine hinreichende Sensitivität, um Fehler zuverlässig zu detektieren. Hochfrequente Luftschallemissionen hingegen werden dominant durch Dampfabströmungen hervorgerufen, die durch die Schweißgeschwindigkeit sowie lokale Gegebenheiten beeinflusst werden [57]. SCHMIDT et al. nutzen Körperschallemissionen zur Qualitätssicherung und Prozesssteuerung. Dabei wurden zur Datenverarbeitung konventionellen Werkzeuge wie Frequenzspektrogramme, Filterfunktionen und Schwellenwertbegrenzung modernen Analysealgorithmen aus dem maschinellen Lernen (ML) gegenübergestellt. Mit Hilfe von ML-Algorithmen konnten mehr Informationen aus den gleichen Datensätzen gebildet werden und ein Steuerungskonzept auf Basis von Spritzerbildung entwickelt werden [58]. Die Datenanalyse von akustischen Prozessemissionen mittels künstlicher Intelligenz (KI) ist häufiger Bestandteil der neueren Veröffentlichungen. So entwickeln auch SHEVCHIK et al. eine Evaluation der zeit- und frequenzaufgelösten AE-Daten zur Identifikation von Schweißnahtqualität und Schweißnahtfehler mit einer Vorhersagevertrauen zwischen 82 und 95 % [59].

PBF-LB/M

Mit der Weiterentwicklung des PBF-LB/M-Verfahrens hat in diesem Kontext auch die Entwicklung von AE-Monitoring Systemen Einzug erhalten. Durch die Herausforderungen der reproduzierbaren Prozessqualität sind grundsätzlich qualitätsüberwachend Sensorsysteme im PBF-LB/M Prozess notwendig.

Erstmals wurden AE in 2018 beim PBF-LB/M-Prozess von ESCHNER et al. untersucht. Es wurde ein neuronales Netzwerk eingesetzt, um die Stabilität des AM-Prozesses zu klassifizieren. Der Flaschenhals-Ansatz mit einer einfachen versteckten Ebene (engl. Bottleneck aproach with single hidden layer) hat sich als vielversprechend herausgestellt und wird zur Prozesscharakterisierung empfohlen [60, 61]. KOUPRIANOFF et al. haben ebenfalls 2018 mit ihren Untersuchungen herausgestellt, dass sich grundsätzlich AE-Monitoring und die STFT eignen, um ein Online-Monitoring System zur Defektidentifikation entwickeln [62]. SHEVCHIK et al. haben zwei Deep Learning Ansätze verglichen, um in Echtzeit die Bauteilqualität anhand von detektierter Porosität zu bewerten. Die Machbarkeit des Monitoringkonzeptes wurde mit Hilfe von zwei Fiber-Bragg Sensoren dargestellt [63]. KOUPRIANOFF et al. haben in 2021 einen einfachen Algorithmus und ein luftschallbasiertes Mikrofon eingesetzt, um Frequenzen im Spektrum zwischen 2…20 kHz zu analysieren. Es konnte der Balling Effekt (Entwicklung von Materialagglomeration in Formen von kleinen Bällen an der Schweißspuroberfläche durch ungeeignete Prozessparameter [64]) durch irreguläre Pulverschichtdicken identifiziert werden [65]. ITO et al. haben ein Array aus zwei Kontaktmikrofonen aufgebaut, um Körperschallemissionen zu analysieren. Der Aufbau aus zwei Mikrofonen hat eine zuverlässige Identifikation von charakteristischen AE-Ereignissen ermöglicht, die mit der Entstehung von Mikrorissen und Poren korrelieren. Zusätzlich konnten die AE-Ereignisse eindimensional auf einer Bauplattform mit einer Genauigkeit von etwa 3 mm lokalisiert werden [66]. WASMER, DRISSI-DAOUDI et al. haben in 2023 ein einfaches Luftschallmikrofon in ein PBF-LB/M System integriert. Durch Zeit- und Frequenzauflösung konnte der Balling-Effekt, Lack-of-Fusion Poren und Keyhole-Poren detektiert werden. Besonderen Fokus wurde in der Untersuchung auf die Abhängigkeit des verarbeitenden Materials gelegt. Die KI-basierten Klassifizierungsverfahren zeigen ein materialabhängiges Ergebnis, was einerseits ein materialübergreifendes KI-Training verhindert, aber andererseits die AE-basierte Aussage des aktuell verarbeitenden Materials ermöglicht. Dies kann insbesondre in der Qualitätssicherung der Pulvermaterialien sinnvoll sein und als automatisierte Steuergröße für das PBF-LB/M System genutzt werden [67]. SONG et al. haben Körperschallsensoren in die Bauplattform integriert, um die AE zu akquirieren. Nach der Signalverarbeitung konnten Risse identifiziert und die Rissausprägung in Form der Risslänge approximiert werden. Weiterhin konnte ein Zusammenhang zwischen Anomalien im Pulverbett und im Signal festgestellt werden. Eine Korrelation zwischen der akustischen Signatur und der Porenbildung wurde nicht identifiziert [68].

Laser-Auftragschweißen

Mit der Erforschung des AE-Monitorings im Rahmen von PBF-LB/M Prozessen erfolgte gleichzeitig der Transfer zu Laser-Auftragschweiß-Prozessen. Beim LPA ist das AE-Monitoring im Vergleich zum PBF-LB/M Verfahren durch eine höhere Geräuschkulisse grundsätzlich herausfordernder. Die zusätzlichen Geräusche entstehen durch die

Kinematik des Fertigungssystems, dem auf die Prozesszone ausgerichteten Gasstrom und beim LPA den zusätzlichen Pulverstrom [10, 69].

GAIA UND LIOU haben in 2016 Körperschallsensoren in eine Bauplattform integriert und zwei provozierte Defekttypen, Poren und Risse, eindeutig identifizieren können. Die charakteristischen akustischen Ereignisse wurden mittel *k-Means* Algorithmus zuverlässig klassifiziert; Poren zeichnen sich durch eine geringere Amplitude und eine kürzere Abklingzeit als Risse aus. Insbesondere durch hohe Amplituden konnten Risse klassifiziert werden [70]. WHITING et al. haben mittels AE den Pulvermassenstrom in Echtzeit beim LPA Prozess bestimmt, um eine präzise Steuergröße zu entwickeln. Auch hierfür wurde ein auf der Bauplattform integrierter Körperschallsensor verwendet [71]. GARCIA DE LA YEDRA et al. haben ein optisches Mikrofon, ein Laser-Vibrometer und eine Wärmebildkamera in die LPA-Prozessumgebung integriert und frühzeitig zwei charakteristische Defektmechanismen identifizieren können: Zwischenschichtige Delamination und Rissbildung in der wärmebeeinflussten Zone. Dabei konnten nur mit dem Laser-Vibrometer beide Defektmechanismen detektiert werden, die akustischen Signale des optischen Mikrofons liefern zuverlässige Ergebnisse bei der Detektion von Delaminationsmechanismen [72]. NIKNAM et al. haben eine grundlegende Machbarkeit der Mikrostrukturbestimmung mittels AE gezeigt. Dabei wurden Körperschallsensoren auf der Oberfläche von Probekörpern integriert, welche dann mechanisch belastet wurden. Die akustische Signatur gibt Informationen über die Mikrostruktur, benötigt allerdings weitere Untersuchungen für die zuverlässige Mikrostrukturanalyse [73]. TAHERI et al. haben in 2019 Körperschallmessungen und k-Means Algorithmen eingesetzt, um gezielt charakteristische Prozesszustände beim LPA zu klassifizieren. Dabei konnten alle Umgebungsgeräusche gezielt ausgeblendet werden und verschiedene Prozesszustände erfolgreich bestimmt werden. Unsicherheiten treten bei instabilen Prozessen durch zu geringe Laserleistung auf [74]. Zu vergleichbaren Ergebnissen kommen LI et al., die mittels k-Means Algorithmen und weiteren ML-Algorithmen zuverlässig körperschallbasierte AE analysiert haben und die Prozessdaten hinsichtlich ihrer Prozessstabilität klassifizieren konnten [75]. In weiterführenden Untersuchungen konnten KOESTER UND TAHERI et al. im gleichen Monitoring Setup beim Materialauftrag auf artfremden Substratmaterialien Hinweise auf charakteristische AE-Ereignisse identifizieren, die auf die häufigen zwischenschichtigen Defektmechanismen hinweisen. Die Identifizierung der AE-Ergebnisse erfolgte auf Basis eine Spektral- und Wellenformanalyse des akustischen Signals [76]. CAMILO PRIETO et al. haben ein optisches Mikrofon eingesetzt, welches auf der Fabry-Pérot Laser-Interferometrie basiert. Dies ermöglicht die Analyse von Frequenzen bis zu 1 MHz im Bereich des Ultraschalls. Die Untersuchungen indizieren eine starke Korrelation zwischen AE Signale über 350 MHz und der Rissanzahl, zuverlässige und reproduzierbare Modelle erfordern jedoch weitere Untersuchungen [77]. In 2022 haben HAUSER et al. ein luftschallbasiertes AE-Monitoring System für WAAM und LPA Prozesse untersucht. Für den LPA Prozess konnte ein Zusammenhang zwischen der Prozessstabilität und dem akustischen Signal entwickelt werden. Den größten Einfluss auf das akustische Signal haben beim LPA Prozess laut der Autoren die Interaktion zwischen Laser und Metallpulver [78]. CHEN et al. haben in 2023 ebenfalls ein luftschallbasiertes Mikrofon eingesetzt und KI-basiert eine automatisierte Geräuschunterdrückungsfunktion, eine Featureerkennung und eine Klassifizierung für die Vorhersage von Rissen und Keyhole-Poren entwickelt. Hierfür hat sich ein Convolutional Neural Network (CNN) basierend auf dem Mel-Frequenzspektrum mit Cepstrum Koeffizienten als geeignet und zuverlässig herausgestellt. Durch die fortgeschrittene Datenverarbeitung konnte erstmals ein kostengünstiges Setup zur Akquise der

AE-Daten verwendet werden; als herausfordernd wird die zeitlich hochaufgelöste Defekterkennung und ortsaufgelöste Defektlokalisierung genannt [79]. WASMER et al. haben ein einfaches Luftschallmikrofon neben optischer Sensorik in ein LPA-System integriert und den Aufbau von funktional-graduierten Materialien (engl. functionally graded materials, kurz: FGA) überwacht. Bei der Herstellung von FGA kommt es häufig zu Defekten wie Lack-of-Fusion Poren in diversen Werkstückbereichen. Zur Datenverarbeitung die weitesten verbreiteten KI-Algorithmen als Klassifizierungswerkzeuge eingesetzt. Die Klassifizierungsgenauigkeit war bei keinem der Algorithmen zufriedenstellend, es konnten Werte zwischen 57,79 % und 78,89 % erreicht werden. Als Herausforderungen und Gründe für die geringe Klassifizierungsgenauigkeit wurde der Einfluss des hohen Gasstroms in der Prozesszone genannt. Dieser erzeugt eine hohe Geräuschkulisse, beschleunigt nicht aufgeschmolzenes Metallpulver und lässt die Partikel auf dem Werkstück auftreffen und erzeugt eine nicht sichtbare Barriere, die die Ausbreitung der Schallwellen unterdrückt [69].

Der Einsatz von AE-Sensorsystemen wurde für die laserbasierten Fügeverfahren Laserschweißen, PBF-LB/M und Laser-Auftragschweißen untersucht; der Forschungsstand ist je Verfahren differenziert zu betrachten. Die wichtigsten Erkenntnisse sind nachfolgend zusammengefasst:

Der Einsatz von AE-Sensorsystemen kann für das Laserschweißen technologisch am fortschrittlichsten bewertet werden. Es wurden verschiedene Körper- und Luftschallsysteme in Kombination mit diversen Datenverarbeitungsalgorithmen, sowohl konventionell statistisch als auch KI-basiert, eingesetzt. Der Einsatz bei den generativen Fertigungsverfahren (PBF-LB/M und Laser-Auftragschweißen) ist weniger ausgereift, dennoch sind bei beiden Verfahren vielversprechende Lösungsansätze gegeben, mit denen wichtige QS-relevante Aussagen bereits während des Prozesses möglich werden. Durch die vielseitige Datenanalyse können Aussagen über Prozessstabilität, Pulvermassenstrom, Defektformationen – insb. Poren und Risse – getroffen werden. Zur Akquise der AE-Signale wurden überwiegend körperschallbasierte Sensoren eingesetzt. Der Einsatz von einfachen, luftschallbasierten Sensoren (Mikrofonen) ist nach derzeitigem Stand insb. beim Laser-Auftragschweißen wenig erforscht. Die Systeme können vorteilhaft durch ihre hohe Flexibilität und ihren geringen Integrationsaufwand sein, insb. beim Laser-Auftragschweißen, wo bestehende Bauteile als Substratwerkstücke verwendet werden können.

Der Fokus der bisherigen Forschung liegt auf der zeit- und frequenzbasierten Analyse der AE und der Verwendung von körperschallbasierten Emissionen. Eine ortsaufgelöste Analyse der AE wurde vereinzelt mit körperschallbasierten Sensorsystemen untersucht. Luftschallbasierte Monitoringsysteme wurden für den LPA-Prozess bisher wenig untersucht; die verfügbaren Publikationen deuten jedoch auf ein hohes Anwendungspotential hin. Die Lokalisierung von AE im LPA-Prozess ist im Wesentlichen unerforscht. Insb. bei der Herstellung von mehreren Bauteilen in einem Baujob ist diese Information jedoch von großer Bedeutung, um ein defektbehaftetes Bauteil von einem defektfreien Bauteil unterscheiden zu können.

2.5 Akustische Signalerfassung und -verarbeitung

Ein Signal gilt als Träger von Informationen oder Energie und ist eine physikalische Größe. Signale können analog oder digital erfasst und verarbeitet werden. Die

Transformation von analogen Signalen erfolgt über einen Analog-Digital-Wandler (AD-Wandler). Bei analogen Signalen wird zwischen kontinuierlichen vs. diskreten, deterministisch vs. stochastischen und Energie- vs. Leistungssignalen unterschieden.

Signale werden als kontinuierlich beschrieben, wenn das Signal zu jedem Zeitpunkt definiert ist und einen Wert auf der Wertachse zuordenbar ist. Diskrete Signale nehmen dagegen nur Werte zu bestimmten Zeitpunkten an, daher werden sie auch zeitdiskrete oder abgetastete Signale genannt. Deterministische Signale sind zu jedem Zeitpunkt vorhersagbar, sie verhalten sich dementsprechend nach einer Formel, z.B. ein periodisches Signal. Stochastische Signale sind zufällige Signale und nehmen einen nicht vorhersehbaren Verlauf an. Stochastische Signale sind in der realen Umgebung der Normalfall. Leistungssignale haben eine unendliche Signalenergie und eine endliche mittlere Signalleistung ($W = \infty$, $P < \infty$), während Energiesignale eine endliche Signalenergie und verschwindende Signalleistung ($W < \infty, P \to 0$) haben [80].

2.5.1 Luftschallbasierte Mikrofone

Luftschallbasierte Mikrofone sind Schallwandler, die Schallwellen in ein elektrisches Signal umwandeln (vgl. 2.4.1). Am häufigsten werden elektrostatische und elektrodynamische Schallwandler eingesetzt. Unter den elektrodynamischen Schallwandlern ist das Tauchspulenmikrofon weit verbreitet, welches den elektromechanischen Effekt nutzt: bewegen sich Leiterschleifen in einem Magnetfeld senkrecht zu den Feldlinien, wird eine elektrische Spannung induziert. Über eine bewegliche Membran, die von Schallwellen angeregt wird, taucht sich eine Spule in einen ringförmigen Spalt eines Topfmagneten ein. Elektrodynamische Mikrofone werden insb. für die Messung von relativen Pegeln verwendet [81]. Zur Messung von absoluten Pegeln kommen am häufigsten elektrostatischen Wandler zum Einsatz, dessen prominentester Vertreter das Kondensatormikrofon ist [31, 81]. Durch Druckschwankungen in der Schallwelle wird der Schalldruck in eine elektrische Spannung umgewandelt. Beim Kondensatormikrofon wird eine bewegliche Membran als Leiter eingesetzt und von einer Gegenelektrode isoliert. Durch diesen Aufbau entsteht ein Kondensator, dessen Kapazität von der Schwankung der Membran abhängt [81]. Der Aufbau eines Kondensatormikrofons ist schematisch in Abbildung 2.6 dargestellt.

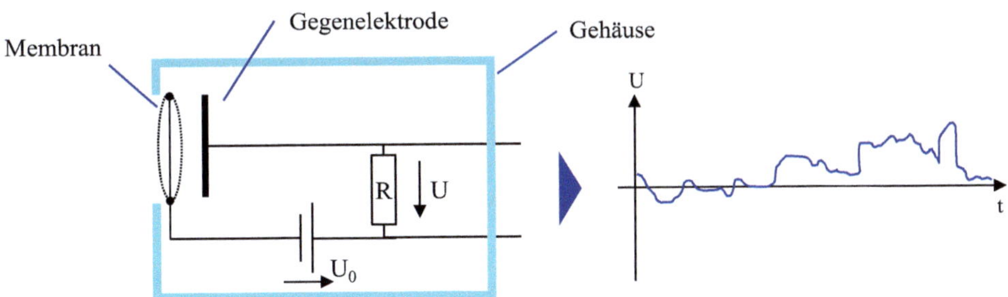

Abbildung 2.6:   Schematischer Aufbau eines Kondensatormikrofons (vgl. [81])

Durch die Auslenkung der Membran und der damit einhergehenden Spannungsänderung entsteht ein zeitaufgelöstes, analoges Spannungssignal in Abhängigkeit von der Veränderung des Schalldrucks. Durch einen Analog-Digital-Wandler kann die analoge Messkette in eine digitale Messkette überführt werden. Der Ablauf ist schematisch in Abbildung 2.7 dargestellt.

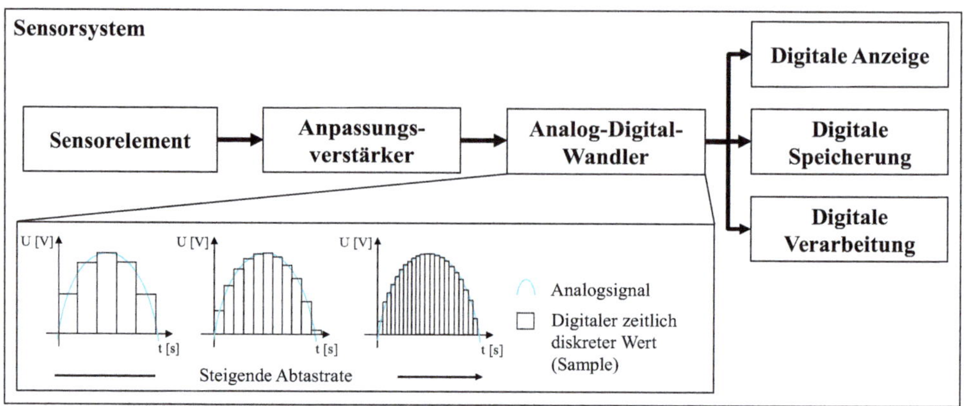

Abbildung 2.7:   Schematische Darstellung von digitaler Messkette in digitalen Sensorsystemen nach [29, 82]

Das Sensorelement erzeugt einen Messwert, welcher im Anpassungsverstärker auf einen Spannungswert transformiert wird. Der Spannungswert wird als analoges Signal im Analog-Digital-Wandler in einen digitalen Wert umgewandelt. Bei der Überführung des analogen Signals in ein digitales Signal wird die Spannung im zeitlichen Abstand t_s abhängig von der sogenannten Abtastrate f_s (engl. Samplerate) gemessen (vgl. Formel (2.3)) [82]. Somit werden zeitlich diskrete Werte ausgegeben, daher sind digitale Signale immer zeitdiskrete Signale. Je höher die Abtastrate, desto präziser kann das analoge Signal durch die diskreten Werte repräsentiert werden. Der Zusammenhang ist neben der digitalen Messkette ebenfalls Abbildung 2.7 veranschaulicht.

$$t_s = \frac{1}{f_s \, [Hz]} \tag{2.3}$$

Bei der Auswahl der Abtastrate ist das NYQUIST-SHANNON-Theorem zu beachten, welches besagt, dass die Abtastrate mindestens den doppelten Wert des auswertbaren Frequenzspektrums annehmen muss. Neben der zeitlichen Diskretisierung sind Amplituden bei digitalen Signalen quantisiert. Aus der Quantisierung resultiert eine diskrete Auflösung der Amplitude [80, 82]. Für eine digitale Speicherung, Verarbeitung oder Anzeige ist eine Recheneinheit, i.d.R. ein Computer oder ein Mikrocontroller, notwendig.

2.5.2 Frequenzaufgelöste Analyse von akustischen Signalen

Signale werden nativ zeitlich aufgelöst dargestellt – der sogenannten Originalbereich wird daher auch als Zeitbereich bezeichnet. Um die Interpretation zu vereinfachen, können Signale mittels Transformation auch im Frequenzbereich (Bildbereich) dargestellt werden. Der Informationsgehalt des Signals ändert sich dabei nicht, es ändert sich lediglich die Darstellungsform. Die Art der möglichen Transformationsansätze richtet sich nach der Signalklasse. Bei digitalen Signalen wird üblicherweise zwischen periodische Signalen;

quasiperiodischen Signalen; nichtperiodischen, stationären Leistungssignalen; nichtstationären Leistungssignalen und transienten Signalen (Energiesignalen) unterschieden [80]. Bevor die wichtigsten Transformationsansätze beschrieben werden, sollen zunächst die Klassen der digitalen Signale erläutert werden:

- <u>Periodische Signale</u>: Periodische Signale haben die Eigenschaft, sich nach der Periodendauer T_0 exakt zu wiederholen, wie z.B. eine Sinusfunktion [80]
- <u>Quasiperiodische Signale</u>: Weisen ein kontinuierliches Spektrum mit dominanten Linien auf, eine periodische Fortsetzung ohne Sprungstelle ist jedoch nicht möglich. Quasiperiodische Signale entstehen durch ein periodisches Signal, welches durch ein nichtperiodisches Störsignal verunreinigt wird oder durch Superposition von mehreren unabhängigen, harmonischen Signalen entsteht. Ein bekanntes Beispiel ist das EKG des menschlichen Herzens [80].
- <u>Nichtperiodische, stationäre Signale</u>: Leistungssignale mit einem kontinuierlichen Leistungsdichtespektrum, d.h. es liegt ein zeitlich unabhängiger Mittelwert der Leistungsamplitude vor. Diese Signalform kommt in der Signaltechnik häufig durch zufällige Signale, wie dem Hintergrundrauschen vor [80, 83].
- <u>Nichtstationäre Leistungssignale</u>: Ändern ihre charakteristischen Eigenschaften (Amplitude, Frequenz, …) im Laufe der Zeit, weshalb ein statistischer Mittelungsprozess nicht möglich ist. Durch die zeitabhängige Änderung im Spektrum sind diese Signale weder auf der Zeit- noch auf der Frequenzachse genau lokalisierbar [80].
- <u>Transiente Signale</u>: Ein Spezialfall der nichtstationären Signale, da sie eine endliche, häufig sehr kurze Zeitdauer, vorweisen. Es handelt sich um nichtperiodische Energiesignale mit einem abklingenden Signal [80]. Beim akustischen Monitoring eines Maschinenlaufs wäre ein einmaliges Klopfen ein Beispiel für ein transientes Signal.

Bei akustischen Signalen, die Anomalien des LPA-Prozesses aufweisen, sind nichtstationäre und transiente Signale zu erwarten. Nach MEYER ([80]) eigenen sich zur Transformation in den Frequenzbereich insbesondere die Kurzzeit-Fast Fourier Transformation (FFT) oder die Wavelet-Transformation. Für transiente Signale gilt, FFT-Fenster größer als die Signaldauer zu definieren und eine rechteckige Fensterfunktion zu verwenden, bei der das Resultat mit dem Faktor $T = 1/f_A$ skaliert wird. Beide Transformationsansätze werden nachfolgend beschrieben.

Schnelle Fourier-Transformation

Die schnelle Fourier-Transformation (kurz: FFT aus dem Englischen *Fast Fourier Transformation*) ist ein effizienter Algorithmus zur Berechnung von N bestimmten diskreten Fourier-Transformation (DFT) [80]. Im Vergleich zur Fourier-Transformation, die zur Transformation von analogen Signalen verwendet wird, kann die DFT eingesetzt werden um zeitdiskrete Signale in ihre Frequenzbestandteile zu zerlegen. Sie ist im Vergleich zur herkömmlichen Fourier-Transformation eine Näherungsform. Die Kurzzeit Fourier-Transformation (engl. Short Time Fourier Transformation, kurz STFT) ist die abschnittsweise Anwendung der FFT auf die Faltung einer Fensterfunktion mit dem Originalsignal [80, 84].

Bei der DFT wird das Originalsignal in das Vielfache seiner Grundfrequenz ω_N zerlegt. Es wird bei der DFT das Signal unter endlich vielen Abtastwerte n betrachtet, die Grundfrequenz ω_N hängt von der Anzahl der Abtastwerte N ab [80]:

$$\omega_N = e^{-2\pi i/N} \tag{2.4}$$

Das endliche, betrachtete Zeitfenster wird Blocklänge genannt [80]. Die Blocklänge N ist die Anzahl der Abtastwerte im Zeitfenster. X[m] beschreibt die Folge der komplexen Amplituden (Spektralwerte), x[n] die Folge der Abtastwerte, n die Nummer der Abtastwerte und m die Nummer der Spektrallinien (Ordnungszahl). Die DFT ergibt sich aus:

$$X[m] = \sum_{n=0}^{N-1} x[n] \cdot e^{-i(2\pi/N)mn} \tag{2.5}$$

Die STFT ergibt sich durch Anwendung der DFT für eine bestimmte Frequenz (m). Aus der Anwendung mit bestimmten m ergeben sich N DFTs [80]. Die Auswahl der Fenstergröße gilt bei der STFT als wichtiger Parameter, da die Fenstergröße über den Kompromiss zwischen Zeit- und Frequenzauflösung bestimmt. Eine steigende Fenstergröße reduziert die zeitliche Auflösung, erhöht dagegen die frequenzbasierte Auflösung. Bei einer sehr feinen Zeitauflösung ist die Frequenzauflösung entsprechend gering. Dieser Kompromiss zwischen Zeit- und Frequenzauflösung gilt als limitierender Faktor der STFT.

Grundsätzlich ist die STFT ausschließlich für stationäre, periodische Signale anwendbar. Die im Rahmen dieser Arbeit betrachteten Signale sind nicht nur instationär und aperiodisch, sondern auch stochastisch. Auf Basis der Literatur ist die Signaltransformation dieser Signale mittels STFT grundsätzlich ungeeignet. Allerdings kann dieser Umstand durch die Wahl einer ausreichend kleinen Fenstergröße vernachlässigt werden, da das Signal innerhalb des Fensters als annähernd stationär und periodisch betrachtet werden kann [81, 85].

Continuous Wavelet Transformation

Die Continuous Wavelet Transformation (CWT) ist eine Methode zur zeitfrequenzaufgelösten Darstellung realer Signale. Sie bietet den Vorteil einer Multiresolution und umgeht somit die Nachteile, die durch den Zeit-Frequenz-Auflösungskompromiss bei der Short-Time Fourier Transformation (STFT) entstehen. Die Multiresolution ermöglicht es, in niedrigen Frequenzbereichen eine hohe Frequenzauflösung zu erzielen. Obwohl die zeitliche Auflösung in diesen Bereichen geringer ist, ändert sich das Signal aufgrund der niedrigen Frequenzen auch weniger schnell. In hohen Frequenzbereichen hingegen, in denen sich das Signal sehr schnell und häufig ändert, sinkt die Frequenzauflösung zugunsten einer verbesserten Zeitauflösung [85–87]. Die Eigenschaften der Multiresolution werden in Abbildung 2.8 visualisiert.

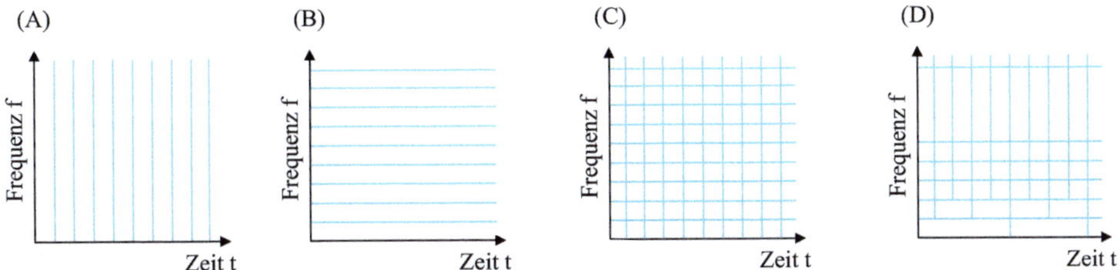

Abbildung 2.8:   Schematische Darstellung der vier verschiedenen Auflösungsbereiche: (A) Zeit-
                  aufgelöst, (B) Frequenzaufgelöst, (C) einheitliche Zeit-Frequenzauflösung und
                  (D) multiresolutionale Zeit-Frequenzauflösung (vgl. [50, 85])

Zusätzlich eignet sich die CWT zur Analyse von abrupten Änderungen im Signal. Im Vergleich zur STFT erzielt die CWT eine bessere Leistung bei der Transformation stochastischer Signale. Der Nutzbarkeit für transiente Signale wurde u.a. von MALLAT, ZENG et al. und DAUBECHIES bewiesen [87–89].

Die Transformation basiert auf einer Faltung des Originalsignals mit einem gestauchten oder gestreckten Muttersignal, dem sogenannten Mutterwavelet. Verglichen zur STFT repräsentiert jedes Wavelet einen Fourier-Koeffizienten und damit einen Frequenzbereich. Alle verwendeten Wavelets basieren auf dem Mutterwavelet, das für die Wiedergabe von Frequenzen entlang der abzubildenden Frequenzlevel gestreckt oder gestaucht wird. Ein gängiges Mutterwavelet in der akustischen Signalanalyse ist das Morlet-Wavelet, da es sich aufgrund seines Gauß'schen Charakters für Anwendungen im Bereich des Hörschalls eignet [88, 90]. Abbildung 2.9 zeigt schematisch das Verhalten und die Eigenschaften, bei dem die gestreckten Wavelets niedrige Frequenzen, gestauchte Wavelets hohe Frequenzen repräsentieren.

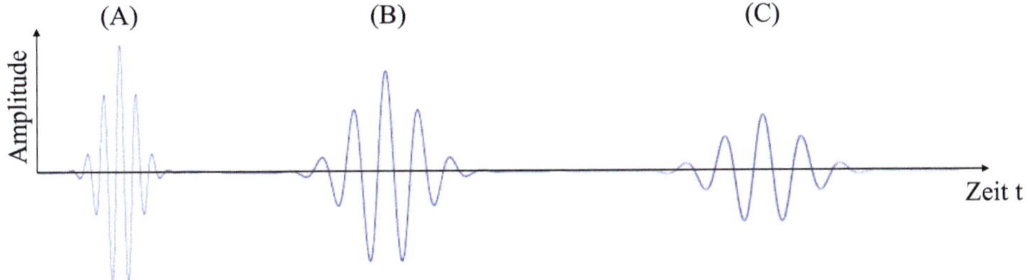

Abbildung 2.9:   Schematische Darstellung des Morlet-Wavelets in gestauchter Form (A), nor-
                  maler Form (B) und gestreckter Form (C) (vgl. [81, 90])

Als Ergebnis liefert die CWT Wavelet-Koeffizienten, die – analog zur Fourier-Transformation – eine Aussage darüber ermöglichen, wie stark die jeweilige Frequenz in dem untersuchten Signal repräsentiert ist.

2.5.3 Ortsaufgelöste akustische Signale

In technischen Anwendungen ist die Lokalisierung von AE besonders verbreitet im Bausektor sowie in der Telekommunikation. Im Bausektor ist ein bekannter Anwendungsfall die Untersuchung von Baustrukturen, z.B. ein Brückenträger, hinsichtlich potentiellen Defekten. Durch aktives Einbringen von akustischen Signalen und Analyse der Schallwellenausbreitung können Rückschlüsse auf bislang unbekannte Defekte in einem Bauträger getroffen werden. In der Telekommunikation sind die bekanntesten Beispiele das *Global Positioning System (GPS)* oder Empfänger in Datennetzen (Mobiltelefone im Mobilfunknetz, W-LAN Empfänger im W-LAN Netz). In der Fertigungstechnik sind nur wenige Anwendungen bekannt, in denen AE im Prozess lokalisiert werden [91, 91, 92]. Im nachfolgenden Abschnitt wird der aktuelle Stand der Technik und Wissenschaft zur Lokalisierung von AE kurz geschildert. Im Abschnitt 5.2 folgt eine Detailanalyse und Anwendungsbewertung für das zu entwickelnde Monitoringsystem. Anhand der Vor- und Nachteile wird ein geeigneter Lokalisierungsansatz als Grundlage ausgewählt.

Single Sensor Ansätze

Lokalisierungsansätze mit nur einem Sensor basieren auf der Identifikation von Moden einer sich ausbreitenden Wellen. Bei bekannter Ausbreitungsgeschwindigkeit der Wellen kann die zurückgelegte Distanz der Wellenmoden berechnet werden [92]. Die Funktionsweise macht das Lokalisierungsverfahren ungünstig für Umgebungen mit Wellenreflektionen und Störgeräuschen [93]. Demnach ist mit diesem Ansatz nur die Berechnung der Distanz zwischen AE-Ursprung und Sensor möglich. Es gibt verschiedene Ansätze mit mehreren Sensoren, um eine 2D-Lokalisierung zu erreichen. Der grundlegende Ansatz funktioniert, EBRAHIMKHANLOU et al. erreichten eine Lokalisierungsgenauigkeit von mindestens 53 mm [94]. Eine Implementierung in realer Prozessumgebung erfordert jedoch einen effizienteren und robusteren Berechnungsansatz [92, 95].

Laufzeitverfahren

Zu den bekanntesten Ansätzen gehört die Lokalisierung nach dem Laufzeitverfahren (engl.: Time of Arrival, kurz: TOA), welches auch Trilaterationsverfahren (oder Kreisverfahren) genannt wird. Grundlage des Verfahrens ist die Identifikation von Laufzeiten, die ein Signal benötigt, um mehrere Sensoren zu erreichen. Bei bekannter Ausbreitungsgeschwindigkeit kann die Distanz zwischen Signalursprung und dem jeweiligen Sensor im Monitoringsystem berechnet werden [96]. Mit der Distanz können Kreise (Radius = berechnete Laufzeitdistanz) um die Knotenpunkte konstruiert werden. Nach dem Trilaterationsverfahren bildet der Schnittpunkt der Kreise den Ursprung der AE [97–99]. So kann mit dem Verfahren eine hohe Lokalisierungsgenauigkeit erreicht werden [92, 100]. Zusätzlich ist das Verfahren durch die fortschrittliche Entwicklung besonders robust und effizient [100]. Die Berechnung setzt jedoch die Synchronisation aller Sender (AE-Quellen) und Empfänger (Sensoren) voraus. Ohne Synchronisation der Systeme ist AE-Lokalisierung daher nicht möglich [96, 101, 102].

Laufzeitdifferenzverfahren

Die Weiterentwicklung des Laufzeitverfahrens ist das Lokalisierungsverfahren nach der Laufzeitdifferenz (engl.: Time Difference of Arrival, kurz: TDOA). Das Verfahren basiert auf der Identifikation von Laufzeitunterschieden zwischen unabhängigen Signalen. Die Berechnung setzt die Koordinaten der verwendeten Sensoren voraus und die Definition eines Referenzsensors voraus. Die erreichbare Genauigkeit hängt dabei stark von der Wahl des Referenzsensors ab. Werden die Sensoren untereinander synchronisiert, ist die Wahl des Referenzsensors überflüssig [103, 104]. Skizziert man in der Draufsicht auf einen 2D-Betrachtungsraum die Laufzeitunterschiede zwischen Sensoren und AE-Ursprung, entsteht ein hyperbolischer Verlauf. Aus diesem Grund wird das Verfahren im deutschsprachigen Raum auch Hyperbelverfahren genannt. Das TDOA-Verfahren ist in ingenieurswissenschaftlichen Anwendungen neben dem TOA-Ansatz am weitesten verbreitet [105]. Jedoch besitzt die Methode inhärente Eigenschaften, wodurch eine hohe Lokalisierungsinstabilität gegenüber sich verändernden Ausbreitungsgeschwindigkeiten und zeitlichen Signaldifferenzen entsteht [106]. Dem Verfahren wird ein geringer Rechenaufwand [107] und eine hohe Robustheit attestiert [91, 108, 109].

Energiebasierte Lokalisierungsverfahren

Lokalisierungsverfahren, die auf der Identifikation von Amplitudendifferenzen in Signalen basieren, können den energiebasierten Lokalisierungsverfahren zugeordnet werden. Grundlegend für die Verfahren ist eine Abweichung der detektierten Signalenergie zwischen mind. zwei Sensoren. Bei einem Versuchsaufbau mit zwei Sensoren auf einer Monitoringachse ist bei ungleichem Abstand zum Emittenten davon auszugehen, dass der Nähere am Sensor eine höhere Signalamplitude registriert. Auf Basis der Differenz zum gegenüberliegenden Sensor kann der Ursprung eindimensional berechnet werden. Das Verfahren wird Amplitudenvergleich genannt. Voraussetzung für das Verfahren ist die exakt gleiche Antwort auf AE [110–112].

Das Verfahren nach der *Inter Microphone Intensity Difference (IMID)* basiert auf der Differenzanalyse des Frequenzspektrums von zwei unabhängigen Signalen, die z.B. von zwei unabhängigen Sensoren akquiriert werden. Als Vorbild gilt für das Verfahren die menschliche Ortung mit den Ohren. Das Verfahren ist robust gegenüber Interferenzen, eine vollständige 2D-Lokalisierung ist jedoch anspruchsvoll. Beim IMID werden i.d.R. nur zwei Sensoren verwendet. Sobald in der dritten Dimension lokalisiert werden soll, werden die Sensorpaare in Bewegung versetzt. Durch Rotation der Sensoren haben LEE et al. die Lokalisierung im 3D-Raum erfolgreich untersucht [113]. Das Verfahren ist grundsätzlich stärker erforscht in Fernfeldanwendungen. MARKOVICH-GOLAN et al. haben mit eine Dual-Mikrofon Ansatz die Leistung für Nahfeld-Anwendungen analysiert und das Verfahren dahingehend optimiert [114]. Ein vergleichbarer Aufbau wurde von ZHANG und RAO genutzt, um erfolgreich multiple Sprachquellen im Raum zu orten [115]. Eine Anwendung in Fertigungsprozessen ist nicht bekannt.

Richtungsorientierte Lokalisierungsverfahren

Weit verbreitet unter den richtungsorientieren Lokalisierungsverfahren sind die *Direction of Arrival Methode (DOA)* sowie das Beamforming. Das DOA-Verfahren wird auch als *Angle of Arrival (AOA)* oder Triangulationsverfahren bezeichnet. Dabei schätzen voneinander unabhängige Sensoren die Richtung von eintreffenden Signalen ab. Über Triangulation wird der Signalursprung berechnet. Bei dem Verfahren sind mind. 3 Sensoren – diese werden auch Knotenpunkte genannt – notwendig. Jeder Knotenpunkt ermittelt den Richtungswinkel des eintreffenden Signals. Nach Abfrage jedes Knotenpunktes kann der Ursprung berechnet werden. Sobald während der Lokalisierung Bewegung im Emittenten auftritt, kommt es zu fehlerhaften Lokalisierungsberechnungen [27]. DEY und ASHOUR nutzen den DOA-Ansatz, um in Echtzeit den Ursprung von Sprachquellen zu berechnen

[116]. Der Lokalisierungsansatz wird wegen der Winkelsensibilität vor allem für Fernfeld-Anwendungen verwendet, in der Umgebung hat sich die Genauigkeit als hoch erwiesen. KUNIN et al. untersuchten den Einsatz von DOA für Nahfeld-Anwendungen und haben das Verfahren in einer isolierten Schallkammer evaluiert. Dabei konnte eine gute Lokalisierungsleistung erzielt werden, jedoch ist diese auf eine sehr gut isolierte Umgebung zurückzuführen [117].

Beamforming ist eine Technik der Signalverarbeitung, bei der sensorische Anordnungen mit mehreren Sensoren für die Übertragungen und den Empfang von direktionalen Signalen verwendet werden. Es beruht auf der Analyse und Nutzung von konstruktiven und destruktiven Interferenzen von elektromagnetischen Wellen. Mit der ortsaufgelösten Identifikation von Leistungsspitzen kann das Verfahren auch für die Lokalisierung von akustischen Signalen verwendet werden [118].

YU et al. haben die Lokalisierungsleistung des Beamformings in Nahfeld-Anwendungen für Stahlblech untersucht. Dabei wurden der Einfluss von Anordnungstypen der Sensoren (Kreis, Kreuz, Linear), Ausbreitungsgeschwindigkeit, Abstand zwischen den Sensoren sowie der maximale Durchmesser der Anordnung auf die Lokalisierungsgenauigkeit analysiert. Alle Anordnungstypen erzielten eine gute Lokalisierungsgenauigkeit, wobei die Ausbreitungsgeschwindigkeit des Signals den größten Einfluss hatte. Abweichungen von angenommenen Geschwindigkeiten führten insbesondere bei der Kreisanordnung zu einer signifikanten Verschlechterung der Genauigkeit. Die lineare Anordnung zeigte die höchste Stabilität, während der Einfluss des Durchmessers als gering eingestuft wurde; dennoch verbesserte sich die Genauigkeit mit zunehmender Anordnungsgröße, besonders bei der Kreisform. Ein größerer Abstand zwischen den Sensoren erhöhte die Anzahl berechneter Emissionsorte und führte zu Unsicherheiten im Lokalisierungsalgorithmus. Die lineare Anordnung wird für Anwendungen mit geringen Anforderungen an die Genauigkeit empfohlen, während bei höheren Anforderungen eine detaillierte Betrachtung von Kreis- oder Kreuzanordnungen ratsam ist [106].

Da die Lokalisierungsleistung im klassischen Beamforming mittels Delay-and-Sum-Algorithmus begrenzt ist, entwickelten TAI et al. eine Methode zur schnellen Lokalisierung von akustischen Emissionsquellen, die als Fast Bartlett Beamforming Methode (FBBM) bezeichnet wird. Diese Methode ist bis zu 450-mal schneller als die Delay-and-Sum-Methode und nutzt eine lineare Sensoranordnung in Form eines "L". Die Lokalisierung erfolgt durch die Berechnung von Leistungsspitzen in der 2D Ebene auf einem Stahlblech, wobei im traditionellen BBM-Verfahren zwei orthogonal zueinander stehende Balken erzeugt werden, deren Schnittpunkt die Position der akustischen Emissionsquelle angibt. Im Gegensatz dazu berechnet das FBBM-Verfahren lediglich ein Profil der Balken und ermittelt aus den Maxima den Schnittpunkt und somit den Standort der Quelle. Diese Vorgehensweise reduziert die Anzahl der erforderlichen Rechenoperationen erheblich und macht das Verfahren für Online-Monitoring-Systeme nutzbar [119].

Beim Beamforming wird neben der Delay-and-sum Methodik häufig das Verfahren nach *Steered Power Response (SPR)* verwendet, worunter eine Vielzahl an Lokalisierungsalgorithmen fallen. Es kann ebenso bei energiebasierten sowie bei richtungsorientierten Lokalisierungsmethoden angewendet werden. Die Algorithmen sind als besonders robust und genau bekannt. Die SRP beschreibt im Allgemeinen die Ausgangsleistung eines Beamformers, der auf verschiedene Richtungen ausgerichtet wird. Durch die Steuerung des Beamformers über einen Winkelbereich und Messen der entsprechenden Ausgangsleistung erhält man die Abhängigkeit der Leistung von der Ausrichtungsrichtung. Mittels Analyse der SRP lässt sich die räumliche Verteilung von Signalen bestimmen. Insbesondere in geräuschbehafteten Umgebungen kann das Verfahren eine gute Lokalisierungsleistung erreichen. Durch die Berechnung eines akustisches Feldes benötigt das Verfahren einen hohen Rechenaufwand [92, 120–122].

<u>Lokalisierungsansätze basierend auf dem Machine Learning</u>

Im Zuge der Weiterentwicklung von KI-Ansätzen wurden verschiedene Ansätze zum Einsatz von Lokalisierungsaufgaben eingesetzt. In einem Laboransatz wurde der Bayesian-Ansatz von YAN und TANG zur Lokalisierung von AE in plattenähnlichen Strukturen untersucht. Der Ansatz baut auf dem Laufzeitverfahren auf und nutzt einen *Markov Chain Monte Carlo* (MCMC)-Algorithmus. Das Verfahren wird verglichen zum konventionellen, deterministischen Triangulation-Ansatz anhand von *Pencil Lead Breaktests* (PLB). Es kann eine verbesserte Lokalisierung festgestellt werden, in den Unsicherheiten durch den Bayesian-Ansatz reduziert werden. Ein Einsatz unter Prozessbedingungen ist unklar. Sehr gute Lokalisierungsergebnisse können nur durch Zunahme von frequenzenaufgelösten AE-Signalen erzielt werden [123].

LI und XU haben AE im Rahmen von LPA-Versuchen mittels *Fruitfly Optimization* Lokalisierungsergebnisse berechnet. Im Rahmen der Versuche wurden strukturgebundene Sensorelemente verwendet, um AE aus der Substratplatte aufzunehmen. Die Lokalisierung basiert auf der Fruchtfliegenoptimierung und der unabhängigen Dekomposition der AE Moden (kurz: IFOA-IVMD). Im Vergleich zu konventionellen Lokalisierungsansätzen (Geiger Kross-Korrelation, Newton-Ansatz) können verbesserte Lokalisierungsergebnisse erzielt werden. Der Ansatz wird stark eingeschränkt durch die Umgebungsgeräusche. Eine Analyse von charakteristischen Frequenzen ist nicht gegeben. Zudem wurde keine Korrelation zur reellen Entstehung der Defekte durchgeführt [123].

Künstliche neuronale Netze (engl. Artificial Neural Networks, kurz: ANN) wurden ebenso mehrfach als Optimierungsansätze verwendet, wovon die für diese Arbeit wichtigsten Erkenntnisse zusammengefasst werden. ERNST und DUAL haben auf Basis des TOA-Ansatzes und dem Einsatz von ANN einen relativen Lokalisierungsfehler von bis zu 5 % erreicht [124]. AI et al. haben mittels ANN eine Lokalisierungsgenauigkeit von 80 % erreicht [125], während JANG und KIM mittels Regressionsanalyse einen durchschnittlichen Lokalisierungsfehler unter 50 mm in der Strukturanalyse von CFK-Platten erzielt haben [126]. Alle ANN-bezogenen Ansätze teilen nach der Metastudie von HASSAN et al. vielversprechendes Potential für die Lokalisierung von AE, jedoch ebenso die Herausforderung der Datenqualität und Datenquantität. Die Lokalisierungsleistung leidet stark unter einer geringen Anzahl von Trainingsdatensätzen. Diese erfordern zusätzliche eine hohen Rechenaufwand [92].

2.5.4 Grundlegende Operationen in der Signalanalyse und Statistik

<u>Differenz-Verfahren</u>

Die Ähnlichkeit von zwei Signalen kann durch die resultierende Differenz zwischen zwei Signalen beschrieben werden. Je kleiner die Differenz, desto höher ist die Ähnlichkeit der beiden Signale. Die Differenz zwischen Signal X und Y ergibt sich aus:

$$D_{xy} = \sum_{i=i_{min}}^{i_{max}} |X_i - Y_{i+m}| \qquad\qquad (2.6)$$

Durch die diskrete Verschiebung von Signal Y über Signal X kann die Differenz zu jedem diskreten Zeitwert berechnet werden.

Differenzquadrat-Verfahren

Das Differenzquadrat-Verfahren ist eine Erweiterung des Differenz-Verfahrens und wird ebenso zum Vergleich in der Signalanalyse, insb. beim Vergleich von Signalen verwendet. In der Statistik ist das verwandte Verfahren nach dem mittleren Quadratfehler (engl. Mean Squared Error, kurz: MSE) als gängiges Werkzeug bekannt. Das Verfahren funktioniert analog zur bekannten Methode der kleinsten Quadrate (engl.: Least Squared Method. Kurz: LSM). Es besitzt den Vorteil der Quadratur, wodurch große Fehler stärker ins Gewicht als kleine Fehler. So werden kleinere Abweichungen durch Rauschen hierdurch weniger berücksichtigt als bspw. Signalausreißer. Das Differenzquadrat-Verfahren ist eine robuste Methode der Signalanalyse, zwischen Signal X und Y wird das Differenzquadrat D² berechnet mit:

$$D^2{}_{xy} = \sum_{i=i_{min}}^{i_{max}} (X_i - Y_{i+m})^2 \qquad\qquad (2.7)$$

Kreuzkorrelation

Die Kreuzkorrelation wird in der Signalanalyse eingesetzt, um die Korrelation von zwei Signalen zu beschreiben. Dabei wird ein Signal schrittweise über das zu vergleichende Signal geschoben. Das Ergebnis ist eine Korrelationsfunktion bzw. ein Korrelationswert, worüber die Ähnlichkeit der Signale beschrieben wird. Ein hoher Korrelationswert beschreibt eine hohe Korrelation zwischen den Signalen [127]. Zwischen Signal X und Y wird die Kreuzkorrelation beschrieben mit:

$$r_{xy} = \sum_{i=1}^{n} (x_i - \bar{x})(y_i - \bar{y}) \qquad\qquad (2.8)$$

Als Algorithmus zur Lokalisierung wurde das Verfahren u.a. von ZIOLA und GORMAN erfolgreich eingesetzt [128].

Normierte Kreuzkorrelation

Die normierte Kreuzkorrelation ist eine Weiterentwicklung der diskreten Kreuzkorrelation, mit der die Ähnlichkeit zweier unabhängiger Signale mit ungleicher Skalierung bewertet wird. Das Ergebnis der Kreuzkorrelation wird normiert, indem die Korrelationswerte mit dem Kehrwert der Standardabweichung multipliziert werden. Insbesondere beim hohen Rauschen und Auftreten zweier ungleicher Signalamplituden ist der Einsatz sinnvoll. Durch die Normalisierung können Werte zwischen -1 und 1 angenommen werden, wobei -1 eine starke, inverse lineare und 1 eine starke lineare Korrelation beschreibt [129]. Die normierte Kreuzkorrelation zwischen Signal X und Y ergibt sich aus:

$$r_{n,xy} = \frac{\sum_{i=1}^{n}(x_i - \bar{x})(y_i - \bar{y})}{\sqrt{\sum_{i=1}^{n}(x_i - \bar{x})^2 \sum_{i=1}^{n}(y_i - \bar{y})^2}} \tag{2.9}$$

In der Formel (2.9) beschreibt $r_{n,xy}$ den Korrelationswert, n die Anzahl der Datensätze von X und Y, x_i den i-ten Datensatz von Signal X und $\bar{x}$ den Mittelwert des Datensatzes X. Das Verfahren ist vielseitig anwendbar und effizient, daher kommt es häufig beim Vergleich großer Datensätze, wie z.B. bei Bilddatensätzen, zum Einsatz [130].

Korrelationskoeffizient R und Bestimmtheitsmaß R²

In der Statistik lässt die Abhängigkeit zwischen Versuchsergebnissen und Versuchsfaktoren über den Korrelationskoeffizienten R bzw. über das Bestimmtheitsmaß R^2 beschreiben. Zur Beschreibung des funktionalen Zusammenhangs wird eine Regressionsanalyse durchgeführt und Regressionskurve (z.B. lineare Regression) entwickelt. Die lineare Korrelation zwischen der Funktion und den tatsächlichen Datenpunkten wird beschrieben durch das Bestimmtheitsmaß R^2 oder den Korrelationskoeffizienten. PEARSON ordnet einen Korrelationskoeffizienten zwischen 0,8 und 1 mit einer sehr starken linearen Korrelation ein. Ein Wert zwischen 0,6 und 0,79 beschreibt eine starke, zwischen 0,4 und 0,59 eine mittlere, zwischen 0,2 und 0,39 eine schwache und zwischen 0 und 0,19 eine sehr schwache Korrelation. Der Korrelationskoeffizient ergibt sich aus dem Verhältnis der Kovarianz zu den Standardabweichungen von X und Y. Das Bestimmtheitsmaß R^2 ist das Quadrat der Korrelationskoeffizienten R und kann in *MS Excel* und *Python* mit der *SciPy*-Bibliothek automatisch berechnet werden.

Z-Score Bewertung

Zur Entfernung von Ausreißerwerten eignen sich verschiedene Methoden aus der klassischen Statistik (z.B. Z-Score Methode) oder dem maschinellen Lernen (z.B. Local Outlier Factors LOF). Bei der Z-Score Methode werden für jeden Datenpunkt die Differenz von Datenpunkt x und Mittelwert μ mit der Standardabweichung σ ins Verhältnis gesetzt und somit der Z-Score Z berechnet:

$$Z = \frac{x - \mu}{\sigma} \tag{2.10}$$

Ausreißer werden mit sehr hohen bzw. sehr niedrigen Z-Scores bewertet. Durch die Definition eines Schwellwertbereiches lassen sich somit Ausreißer selektieren und entfernen. Mit diesem Verfahren werden daher insb. statistische Fehler entfernt. Da systematische Fehler durch eine geringe Streuung charakterisiert sind, werden diese Datenpunkte nicht durch das Verfahren entfernt [131].

Statistische Versuchsplanung

Die Grundlagen basieren auf den Methoden des *Six Sigma* Verfahrens, TOUTENBOURG und KNÖFEL beschreiben die Werkzeuge in [132]. Die wichtigsten Werkzeuge für die vorliegende Arbeit werden nachfolgend beschrieben.

Experimentelle Arbeiten erfordern die Definition und objektive Analyse von Versuchsreihen. Für die Auslegung der Versuchsreihe müssen die Bedingungen Zuverlässigkeit (Unabhängigkeit vom Messzeitpunkt), Objektivität (Unabhängigkeit vom Messobjekt) und Gültigkeit (Richtigkeit der Messung) erfüllt sein.

Die statistische Versuchsplanung (Design of Experiments, DOE) eignet sich als Methode für die gesamte Versuchsplanung. Nach Festlegung von Ziel- und Einflussgrößen und dem Screening der Einflussfaktoren folgen Bestimmungsversuche. Anschließend werden Optimierungsversuche durchgeführt, in denen die Faktoren so eingestellt werden, dass optimale Zielgrößen erreicht werden. Als Faktoren werden Größen bezeichnet, die während der Versuchsphase variabel und einstellbar sind (z.B. die Laserleistung in der Prozessparameteroptimierung beim LPA).

Die Auswertung der Daten wird mit den Grundwerkzeugen der Statistik durchgeführt, um Korrelationen und Kausalitäten zu identifizieren. Der Mittelwert einer Grundgesamtheit ist das arithmetische Mittel aller Werte, welche in einer Stichprobe enthalten sind. Definiert ist der Mittelwert durch

$$\mu = \frac{1}{n}\sum_{i=1}^{n} x_i \qquad (2.11)$$

wobei n die Anzahl der Stichproben und x_i die jeweiligen Werte der Stichproben beschreibt. Der Mittelwert wird häufig verwendet, um aus einer Stichprobe den Erwartungswert der Gesamtheit aller Wert zu bestimmen.

Um die Variabilität des Erwartungswertes zu beschreiben, wird die statistische Größe Varianz, auch Streuung genannt, verwendet. Sie ist definiert durch

$$Var(x) = s^2 = \frac{1}{n-1}\sum_{i=1}^{n}(x_i - \mu)^2 \qquad (2.12)$$

Ergänzend wird die Standardabweichung σ oder s als statistisches Maß für den durchschnittlichen Abstand eines Punktes vom Mittelwert μ verwendet. Die Standardabweichung ist definiert durch

$$s = \sigma = \sqrt{Var(x)} = \sqrt{s^2} = \sqrt{\frac{1}{n-1}\sum_{i=1}^{n}(x_i - \bar{x})^2} \qquad (2.13)$$

2.5.5 Signalfilter

Sobald ein Ausschnitt an charakteristischen Frequenzen analysiert werden soll, muss das Grundsignal entsprechend gefiltert werden. Die Analyse des gesamten akustischen Signals ohne geeigneten Filter überlagert das durch den Defekt emittierte Signal mit Hintergrundgeräuschen, wodurch spezifische Defektfrequenzen schwer analysierbar werden. Durch die gezielte Wahl eines Filters lässt sich folglich das Signal-Rausch-Verhältnis (SNR) erhöhen, indem Frequenzbereiche außerhalb der anwendungsrelevanten Spektren eliminiert werden. In der Signalanalyse ist stets ein hohes SNR anzustreben, da die Analysierbarkeit der Signale bei hoher Differenz zum Rauschen verbessert wird [29]. Die bekanntesten Filter im Frequenzbereich sind Tiefpass-, Hochpass-, Bandpass- und Bandsperrfilter. Die Filterantwort setzt sich aus dem Durchlassbereich, dem Sperrbereich und dem Übergangsbereich zusammen.

Der Durchlassbereich umfasst die Frequenzen, die ein Filter passieren lässt, während der Sperrbereich diejenigen Frequenzen enthält, die vom Filter blockiert werden. Bei einem Tiefpass-Filter können tiefe Frequenzen den Filter passieren, hochliegenden Frequenzen werden blockiert. Der dazwischenliegende Übergangsbereich wird bei sehr schmaler Ausprägung als schneller *Roll-Off* bezeichnet. Die Frequenz im Übergangsbereich nennt man Grenzfrequenz. Bei analogen Filtern wird diese üblicherweise als die Frequenz definiert, bei der die Amplitude des Eingangssignals auf 0,707 reduziert ist [80]. Bei digitalen Filtern existiert hingegen keine einheitliche Definition; es existieren verschiedene Werte wie 0,99, 0,9 oder 0,5.

Ein idealer Filter würde alle unerwünschten Frequenzen vollständig eliminieren und gewünschte Frequenzen unverändert durchlassen. Dieses Verhalten ist in der Praxis jedoch nicht realisierbar. Bei der Anwendung von Filtern können verschiedene Herausforderungen auftreten, die die Filterleistung beeinflussen. Ein häufiger Fehler bei realen Filtern ist das sogenannte *Ripple* (Welligkeit) im Durchlassbereich. Die Welligkeit kommt im Durchlassbereich vor und bezieht sich auf der Variation in der Amplitude der Frequenzantwort. Es resultiert eine ungewollte Verstärkung bzw. Dämpfung des Signals. Im Hochpass-Bereich ist dagegen ein Überschwingen nach dem Grenzbereich ein bekanntes Filterverhalten. Zusätzlich kann es zur Verzerrung entlang der Zeitachse kommen, eine Zeitverzögerung der Filterantwort ist unumgänglich. Die Zeitverzögerung kann je nach Filterparameter eine inhomogene Auswirkung auf bestimmte Frequenzanteile haben [133].

Zwei etablierte Filter sind der Bessel-Filter bzw. der Butterworth-Filter, die nachfolgend kurz beschrieben werden.

<u>Butterworth Filter</u>

Dieser weit verbreitete Filter trennt unterschiedliche Frequenzbänder mit einem steilen Roll-Off, ohne Welligkeiten im Durchlassbereich zu verursachen. Bei Sprungantworten führt er jedoch zu starkem Überschwingen im Zeitbereich. Er wird oft als maximal flacher Filter bezeichnet, da er für einen möglichst flachen Durchgangsbereich optimiert ist [133]. Digital lässt sich der Butterworth-Filter in Python mit der SciPy-Bibliothek (scipy.signal) implementieren. Er lässt sich über die folgende Funktion abrufen:

- butter(N, Wn, btype='low', analog=False, output='ba', fs=None)

Dabei beschreibt N die Filterordnung, Wn die Grenzfrequenzen, *btype* den Filtertypen (Lowpass, Highpass, Bandpass und Bandstop), analog die optionale Möglichkeit, eine analoge Filterantwort zu generieren und *fs* die Abtastrate [134].

<u>Bessel Filter</u>

Der Bessel-Filter besitzt wie der Butterworth-Filter einen Durchlassbereich ohne Welligkeit. Jedoch ist der Übergangsbereich größer, wodurch die Frequenzen weniger scharf getrennt werden. Sein Vorteil liegt darin, dass er bei Sprungantworten kein Überschwingen im Zeitbereich zeigt und eine geringere Verzögerung aufweist, wodurch der Zielwert der

Amplitude schneller erreicht wird. Bei Impulssignalen zeigt der Bessel-Filter zudem gleichförmige ansteigende und abfallende Flanken [133].

Digital lässt sich der Bessel-Filter in Python mit der SciPy-Bibliothek (scipy.signal) implementieren. Er lässt sich über die folgende Funktion abrufen:

- bessel(N, Wn, btype='low', analog=False, output='ba', fs=None)

Dabei beschreibt N die Filterordnung, Wn die Grenzfrequenzen, *btype* den Filtertypen (Lowpass, Highpass, Bandpass und Bandstop), analog die optionale Möglichkeit, eine analoge Filterantwort zu generieren und *fs* die Abtastrate. Zusätzlich wird über *norm* die Möglichkeit eine Normalisierung der Filterantwort gegeben [135].

2.6 Ermittlungs- und Bewertungsmethodik

Es werden im Rahmen der Arbeit Ermittlungs- und Bewertungsmethoden eingesetzt, um systematisch und methodisch Lösungskonzepte und Potentiale zu bewerten. Die angewendete Vorgehensweise beruht auf den Methoden der Präferenzenmatrix und der Nutzwertanalyse.

2.6.1 Bewertung mittels Präferenzenmatrix

Die *Siemens AG* hat in den 1970er Jahren eine Bewertungsmethode entwickelt, um Entscheidungen beim Auftreten von multiplen Kriterien zu vereinfachen. Das Verfahren folgt dem Aufbau einer Pyramide und ähnelt dem paarweisen Vergleich von Kriterien der Methode des Rangfolgeverfahrens. Für den Vergleich werden beliebig viele Kriterien gelistet und mit aufsteigendem Buchstaben abgekürzt (a, b, c, …). Anschließend werden die Kriterien paarweise miteinander verglichen, der Buchstabe des bevorzugten Kriteriums wird in die jeweilige Zelle der Pyramidenform eingetragen (vgl. Abbildung 2.10). Eine Gleichgewichtung ist bei diesem Verfahren nicht möglich [136, 137].

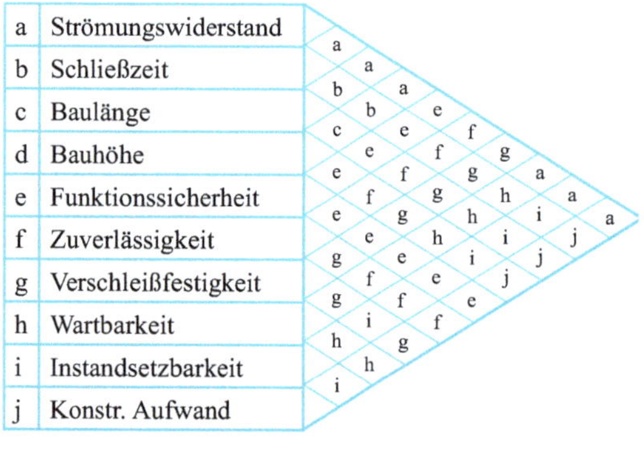

a	Strömungswiderstand
b	Schließzeit
c	Baulänge
d	Bauhöhe
e	Funktionssicherheit
f	Zuverlässigkeit
g	Verschleißfestigkeit
h	Wartbarkeit
i	Instandsetzbarkeit
j	Konstr. Aufwand

#	Häufigkeit	Gewichtungsfaktor
a	6	0,66
b	2	0,22
c	1	0,11
d	0	0,00
e	9	1,00
f	7	0,78
g	7	0,78
h	5	0,56
i	5	0,56
j	3	0,33

Abbildung 2.10:   Beispiel einer Präferenzenmatrix (l.) nach BREIING *und* KNOSALA mit den resultierenden Gewichtungsfaktoren (r.) tabellarisch zusammengefasst (vgl. [136])

Aus der Summe der eingetragenen Buchstaben und der Normierung auf die max. auftretende Häufigkeit ergibt sich der Gewichtsfaktor der jeweiligen Kriterien [136, 137].

2.6.2 Nutzwertanalyse

Die Nutzwertanalyse nach ZANGEMEISTER beschäftigt sich mit der Festlegung von Gewichtungsfaktoren einzelner Anforderungen in Bezug zum Gesamtnutzen. Die gesamte inhaltliche Beschreibung der Methode erfolgt auf Basis der neu aufgelegten Veröffentlichung von ZANGEMEISTER ([138]). Die Strukturierung der Anforderungen erfolgt dabei stufenweise und wird üblicherweise in einer Stammbaumdarstellung widergespiegelt. So müssen zu Beginn die Anforderung definiert und anschließend hierarchisch strukturiert werden. Die hierarchische Gliederung der Ziele und Erfassung im Stammbaum wird auch die Zielpräzisierung im Zielsystem oder Zielbaum genannt. Durch Gegenüberstellung und Abwägung wird die Wichtigkeit jeder Ziele Z in jeder Stufe S ermittelt. Dabei wird die Wichtigkeit der Ziele mit den sogenannten Knotengewichten g_k und Stufengewichten g_s bewertet.

Das Knotengewicht g_k gibt die Wichtigkeit jeder Stufenziele $Z+1$ in Bezug auf das Ziel Z der nächsten Stufe an. So beträgt nach

$$\sum_{j=S_1}^{S_n} g_{K(S+1,Z)} = g_{K(S,Z)} = 1 \qquad (2.14)$$

die Summe aller Knotengewichte 1.

Der zweite Gewichtungsfaktor, das Stufengewicht g_s, gibt die absolute Wertigkeit der Ziele innerhalb der Stufe an und wird aus dem Produkt des Knotengewichtes des Ziels und dem Stufengewicht der übergeordneten Stufe errechnet.

$$g_{S,Z} = g_{K(S,Z)} \cdot g_{S(S+1,Z)} \qquad (2.15)$$

Die Festlegung der Knotengewichte ist nicht vorgegeben. So eignet sich bspw. die Anwendung der Präferenzenmatrix, um Wichtigkeit jedes Knotens zu bestimmen. Nach der Strukturierung sowie Ermittlung der Knoten- und Stufengewichte folgt die Festlegung der Zielwerte, hier auch Maßzahlen m genannt, für jedes zu bewertende Objekt. Durch anschließender Faktorisierung von Maßzahl je Ziel und Objekt mit Stufengewicht ergibt sich ein Nutzwert (hier n). Die Summe aller Nutzwerte je Ziel ergibt abschließend den Gesamtnutzwert je Objekt. Ein Beispiel eines Zielbaums einer Nutzwertanalyse ist in Abbildung 2.11 dargestellt.

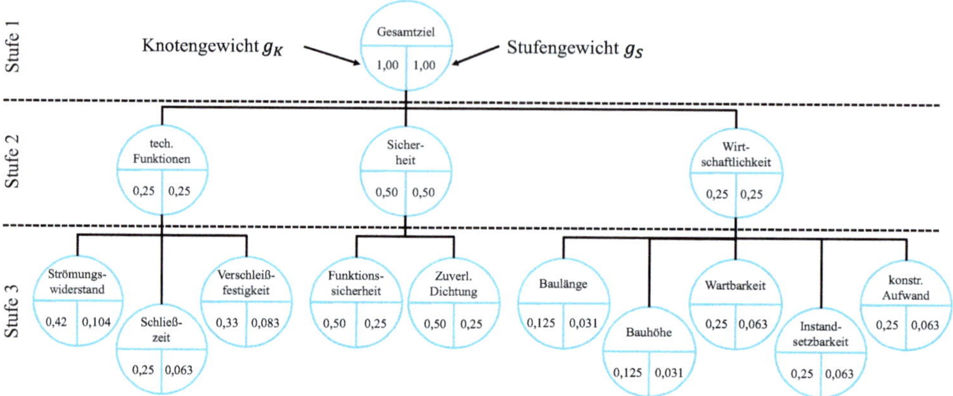

Abbildung 2.11:   Zielbaumbeispiel einer Nutzwertanalyse (vgl. [136])

3 Methodischer Aufbau der Arbeit

Der methodische Aufbau der Arbeit setzt auf dem identifizierten Forschungsbedarf des Themas auf. Aus dem Forschungsbedarf leiten sich die zentralen Forschungsfragen ab, aus denen die Struktur der Arbeit abgeleitet wird. Die Forschungsfragen werden in Abschnitt 3.1 hergeleitet, während die Struktur und Vorgehensweise der Arbeit in 3.2 skizziert werden.

3.1 Forschungsbedarf

Der Forschungsbedarf leitet sich aus dem beschriebenen Stand der Wissenschaft und Technik und Beobachtungen aus Vorversuchen ab.

Der Auftrag von lokalen, funktionalen Metallstrukturen aus NiTi durch den Einsatz des LPA-Prozesses bietet ein breites Spektrum an Anwendungsmöglichkeiten. Insbesondere aufgrund ihrer superelastischen Eigenschaften sind NiTi-Strukturen in der Anwendung als metallische Dichtelemente besonders attraktiv für Anwendungen, die einen hohen Betriebsdruck und eine hohe Betriebstemperatur erfordern. Mit dem LPA-Verfahren können NiTi-Strukturen auf bestehenden Bauteilen direkt aufgetragen werden; dies reduziert potentielle Fehler durch Fehlen des Dichtelements und minimiert die Anzahl der Trennflächen. Die gegebenen Bauteile können dabei aus dem günstigeren Werkstoff Titan bestehen, wodurch eine kosteneffizientere Gestaltung der Baugruppe ermöglicht wird.

Jedoch ist der Auftrag von NiTi-Strukturen auf einem Ti-Substrat mit erheblichen Herausforderungen verbunden. Es besteht eine hohe Wahrscheinlichkeit für die Entstehung von Rissen, die im schlimmsten Fall zur Delamination der LPA-Struktur führen können. Die Bildung solcher Defekte kann letztlich zum Versagen des Dichtelements führen. Um diesen Risiken zu begegnen, ist neben einer intensiven Entwicklung der Prozessparameter auch eine sensorische Prozessführung zur Identifikation von kritischen Defekten sinnvoll.

In der Forschung sind zahlreiche Messverfahren beschrieben, die im Rahmen des LPA eingesetzt werden können. Eine Überwachung von optischen oder akustischen Emissionen bieten das Potential für die zuverlässige Defekterkennung. Verfügbare Leitfäden zur Auswahl von Sensorsystemen sind wegen der Komplexität des LPA-Prozesses nicht anwendbar. Es bleibt daher unklar, welches Messverfahren das größte Potential für die vorliegende Anwendung aufweist. Aus der Unklarheit leitet sich die erste Forschungsfrage der vorliegenden Arbeit ab:

Forschungsfrage I (F-I): Welches Messverfahren oder Sensorsystem besitzt das größte Potential, um kritische Defekte während des LPA-Prozesses beim NiTi-Auftrag auf Titanbauteilen zu identifizieren?

Es bedarf daher einer systematischen Potentialbewertung, um die bislang unerschlossenen Potentiale der vielen Sensorsysteme für den vorliegenden Anwendungsfall aufzudecken. Die Literatur nennt u.a. die Analyse von AE als geeignete Messgröße zur Identifikation der Defektbildung. Die Potentialbewertung stützt im Rahmen der Arbeit die These, dass

© Der/die Autor(en), exklusiv lizenziert an
Springer-Verlag GmbH, DE, ein Teil von Springer Nature 2026
J. U. Weber, *Sensorische Prozessführung für das Laser-Pulver-Auftragschweißen*,
Light Engineering für die Praxis, https://doi.org/10.1007/978-3-662-73162-8_3

die luftschallbasierte Überwachung von akustischen Emissionen ein großes Potential zur Prozesssteuerung des LPA-Prozesses bietet. Es ist auf Basis des Standes der Wissenschaft und Technik jedoch unklar, inwieweit sich die Defekte explizit mit akustischen Emissionen charakterisieren lassen und wie die Korrelation zwischen Defektbildung und luftschallbasierter AE im LPA-Prozess aussieht. Hieraus lässt sich die zweite Forschungsfrage herleiten, die im zweiten Analyseteil der vorliegenden Arbeit fokussiert wird:

Forschungsfrage II (F-II): Welche luftschallbasierten akustischen Emissionen treten mit dem LPA-Verfahren beim Auftrag von NiTi-Strukturen auf und wie hängen diese mit der Entstehung auftretender Defekte zusammen?

Mit einer zeit- und frequenzaufgelösten Analyse der akustischen Prozessemissionen lassen sich die Defekte während des Prozesses charakterisieren und einordnen. Es lassen sich akustische Events identifizieren und mit Zeit- und Frequenzinformationen beschreiben. Im Produktionsszenario umfasst ein üblicher LPA-Baujob die Bearbeitung von mehreren Bauteilen in einem Baujob. So werden entweder mehrere Substratmaterialien in einem LPA-System installiert und in einem durchprogrammierten Prozess bearbeitet oder es werden verschiedene, unabhängige Bauteile auf einem Substratmaterial gefertigt. Dadurch kann es sein, dass in einem Baujob nur ein Bauteil von vielen mit einem akustischen Ereignis verknüpft ist, welches mit einer Defektentstehung zusammenhängt. Aus diesem Grund ist neben der Zeit- und Frequenzinformation die Ortsinformation der AE für den realen Prozesssteuerungsablauf von großer Bedeutung. Aus dem Bedarf der Ortsinformation ergibt sich die dritte und letzte Forschungsfrage der vorliegenden Dissertation:

Forschungsfrage III (F-III): Wie lassen sich zeit- bzw. frequenzaufgelöste akustische Prozessemissionen während des LPA-Prozesses in ortsaufgelöste Prozessemissionen überführen?

Mit der Beantwortung der drei Forschungsfragen werden die identifizierten Forschungslücken geschlossen. Die Kombination ergibt das **Forschungsziel**:

Die Identifikation und Entwicklung eines Sensorverfahrens zur frühzeitigen Erkennung, Klassifizierung und Lokalisierung von Riss- und Delaminationsdefekten.

Es resultiert ein Potentialbewertungssystem sowie ein akustisches Monitoringsystem zur Überwachung des LPA-Prozesses, welches während des Prozesses kritische Defekte identifiziert und eine Prozesssteuerung ermöglicht. Die methodische Herangehensweise zur Entwicklung der genannten Ergebnisse wird in Abschnitt 3.2 beschrieben.

3.2 Methodische Vorgehensweise

Die Definition der methodischen Vorgehensweise orientiert sich an den zuvor entwickelten Forschungsfragen F-I, F-II und F-III. Das Ziel ist die Entwicklung eines In-Prozess Monitoringsystems zur Erkennung von kritischen Defekten während des LPA-Prozesses. Das Vorgehen orientiert sich am methodischen Produktentwicklungsprozess der Norm VDI 2221. Die Norm gibt den Entwicklungsprozess in 4 Phasen vor: Aufgabenklärung, Konzeption, Entwurf und Ausarbeitung [139]. Im Rahmen der vorliegenden Arbeit hat sich ein Verfahren mit 3 Phasen als sinnvoll ergeben. Das Vorgehen ist schematisch in Abbildung 3.1 skizziert.

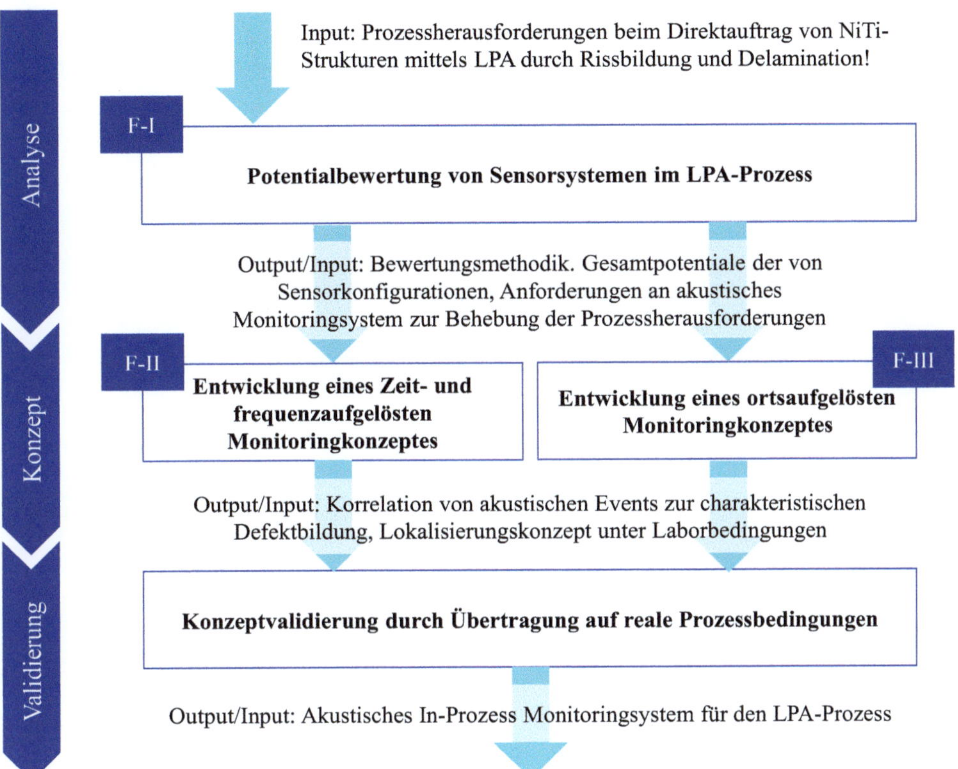

Abbildung 3.1:   Methodische Vorgehensweise der Arbeit zur Entwicklung eines akustischen In-Prozess Monitoringsystems

Zunächst wird das Gesamtsystem geklärt, das Gesamtpotential von Sensoren im LPA-Prozess erhoben, eine Sensorkonfiguration ausgewählt und eine Anforderungsliste für das Monitoringsystem erstellt. Die erste Phase **Analyse** ist vergleichbar mit Phase 1 der *VDI 2221*. Auf Basis der ermittelten Prozessherausforderungen wird eine geeignete Sensorkonfiguration identifiziert. Zur Identifikation wird in der Phase eine Bewertungsmethode entwickelt, die speziell für den Sensorik in LPA-Prozessen nutzbar ist. Als Enderergebnis der Phase 1 entstehen die folgenden Resultate: eine Bewertungsmethodik zur Erhebung von Anwendungspotentialen für Sensoren im LPA-Prozess, die erhobenen Gesamtpotentiale für den vorliegenden Anwendungsfall sowie eine Anforderungsdefinition für das zu entwickelnde Monitoringsystem.

Im Anschluss werden in der **Konzeptphase** Konzepte für einzelne Teilsysteme entwickelt. Im Vergleich zur VDI 2221 fallen in diesem Entwicklungsmodell Teile der zweiten und dritten Phase in die Konzeptphase. Das zu entwickelnde akustische Monitoringsystem teilt sich in zwei Teilsysteme auf: die zeit- und frequenzaufgelöste Analyse der AE und die ortsaufgelöste Analyse der AE. Zu beiden Systemen werden zunächst Konzepte unter Laborbedingen entworfen.

In der abschließenden **Validierungsphase** werden die Konzepte umgesetzt und unter realen Prozessbedingen getestet und in die vorliegende LPA-Systemtechnik integriert. Zur Adaption auf die realen Prozessbedingungen werden verschiedene Transfermaßnahmen evaluiert. Schließlich wird die Gesamtleistung des Monitoringsystems bewertet und Einschränkungen entwickelt.

4 Potentialbewertung sensorischer Messverfahren

In diesem Abschnitt wird das Potential der verfügbaren Messverfahren für den vorliegenden Anwendungsfall im LPA-Prozess erhoben. Dabei soll auf eine Detailbetrachtung jedes Sensorsystems aus Effizienzgründen verzichtet werden.

Eine zentrale Rolle der Sensorik ist die sichere Identifikation der bisher beobachteten Defektbildung, die beim Auftrag von NiTi-Strukturen auf dem Substratmaterial auftritt. Bei der Erhebung des Gesamtpotentials ist jedoch von einer multi-kriteriellen Bewertung auszugehen. Um eine abstrakte Einordnung des Potentials zu erreichen, wird ein Potentialbewertungssystem mit insgesamt 5 Schritten definiert. Das Vorgehen ist in Abbildung 4.1 veranschaulicht.

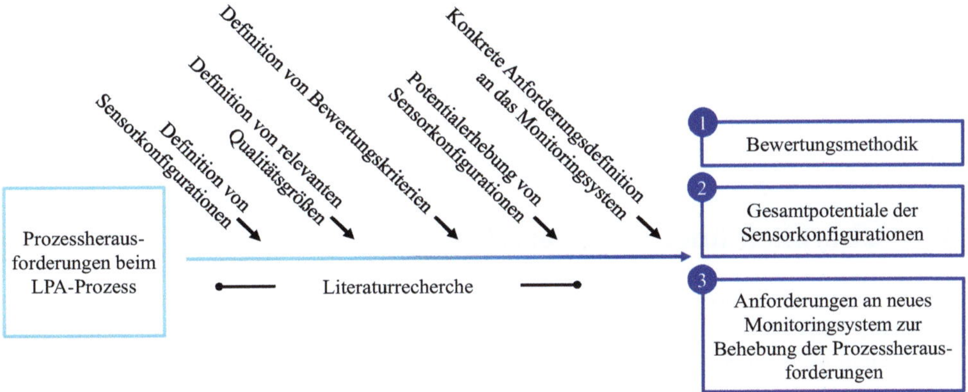

Abbildung 4.1:   Ablauf der Potentialbewertung und Definition von Anforderungen an ein geeignetes Monitoringsystem

Basis der ersten vier Schritte zur Erhebung des Gesamtpotentials ist die Durchführung einer Literaturrecherche. Diese basiert sowohl auf einer Vorwärtssuche als auch auf einer Rückwärtssuche. In der vorwärts-gerichteten Suche werden alle verfügbaren Veröffentlichungen gesammelt, die Messverfahren und Sensorsysteme im LPA-Prozess untersuchen. Auf Basis dessen wird in der rückwärts-gerichteten Suche nach verlinkten und zitierten Veröffentlichungen gesucht. In der Vorwärtssuche werden nur Titel ausgewählt, die entsprechende Schlüsselwörter enthalten:

- „Laser-Pulver-Auftragschweißen", „LPA", „Laser Metal Deposition", „LMD"
- „Sensorüberwachung", „Monitoring", „Sensor system", „Sensorik"

Bei der Literaturrecherche werden alle wissenschaftlichen Veröffentlichungen gesammelt, die sich mit einem Sensorsystem bzw. Messverfahren beschäftigen und explizit ein Qualitätsmerkmal erheben. Zusätzlich wird die Anzahl der Zitierungen sowie die Anzahl der Zitierungen pro Jahr erhoben. Eine inhaltliche Filterung der Sammlung erfolgt für jedes Bewertungskriterium separat. Die Literatursammlung ist dem Anhang (A.1) beigefügt. Da sich die Erhebung der Potentiale auf die Zusammenfassung der Literatursammlung bezieht, wird von einer expliziten Nennung der Titel verzichtet. Dem sei angefügt, dass die

Analyse von Metastudien, (z.B. [10]), bei der Bildung der Literatursammlung bereits einen sehr guten Überblick über eingesetzte Messverfahren beim LPA-Prozess gegeben hat.

Auf Basis der Literatursammlung wird ein Überblick von Messverfahren entwickelt (Abschnitt 4.1), die Verknüpfung zu relevanten Qualitätsgrößen hergestellt (Abschnitt 4.2) und das Gesamtpotential anhand von 5 Bewertungskriterien (vgl. 4.3, 4.4) bestimmt. Die Entwicklung der Bewertungsmethodik orientiert sich an den folgenden Grundfragen, die von einem potentiellen Monitoringsystem erfüllt werden müssen:

- Kann das Monitoringsystem die auftretenden Defekte feststellen und klassifizieren?
- Lässt sich das Messverfahren in den LPA-Prozess integrieren und sicher betreiben?
- Lassen sich die Daten unmittelbar während des LPA-Prozesses ausgeben?
- Wie hoch ist das Entwicklungspotential des Messverfahrens?
- Wie hoch ist der Integrationsaufwand?

Im letzten Schritt wird auf Basis des Potentials für das ausgewählte Messverfahren eine Anforderungsliste entwickelt (Abschnitt 4.5). Hierzu wird der Prozess, die Umgebung, die Defektbildung und die Entstehung von relevanten Emissionen detailliert untersucht.

4.1 Überblick über Messverfahren

Auf Basis der Literaturrecherche werden alle Messverfahren zusammengetragen, die bereits beim LPA zum Einsatz kamen. Jedes Messverfahren ist mit mindestens einem generalistischen Sensorsystem verknüpft. Tabelle 4.1 fasst die auftretenden Sensorsysteme zusammen.

Tabelle 4.1:   Überblick von Messverfahren und Sensorsystemen, die in der Literatur bereits für den LPA-Prozess eingesetzt wurden (vgl. [10])

Messverfahren	Sensorsystem
Optisches Messverfahren	CCD/CMOS Kamera
Optisches Messverfahren	CCD/CMOS Kamera + Laserstrahlen
Optisches Messverfahren	CCD/CMOS Kamera + Strukturlicht
Optisches Messverfahren	CCD/CMOS Multi-Kamerasysteme
Optisches Messverfahren	Spektrometer
Optisches Messverfahren	Infrarot Kamera IR-A
Optisches Messverfahren	Infrarot Kamera IR-B
Optisches Messverfahren	Infrarot Kamera IR-C
Optisches Messverfahren	Laser-Abstandssensor
Optisches Messverfahren	Laser-Profilsensor
Optisches Messverfahren	Photodiode
Optisches Messverfahren	Pyrometer
Kontaktbasiertes Messverfahren	Messtaster
Kontaktbasiertes Messverfahren	Thermoelement
Akustisches Messverfahren	Kontaktmikrofon
Akustisches Messverfahren	Luftschallmikrofon

Die Recherche verdeutlich zudem, dass Sensorsysteme in verschiedenen Konfigurationen in Fertigungssysteme integriert werden können. Die Art der Integration ermöglicht dabei teilweise erst die Möglichkeit, bestimmte Prozessgrößen zu überwachen. Die Betrachtung der Sensorposition im Fertigungssystem wird daher als wichtig erachtet. Daher wird fortan nicht nur zwischen Messverfahren und Sensorsysteme unterschieden, sondern ebenso zwischen Sensorkonfigurationen. Eine **Sensorkonfiguration** ergibt sich aus dem Sensorsystem und der Sensorposition im Fertigungssystem. Bei den Sensorpositionen können in der Forschung 5 wesentliche Positionen abstrahiert werden, die in Abbildung 4.2 veranschaulicht sind.

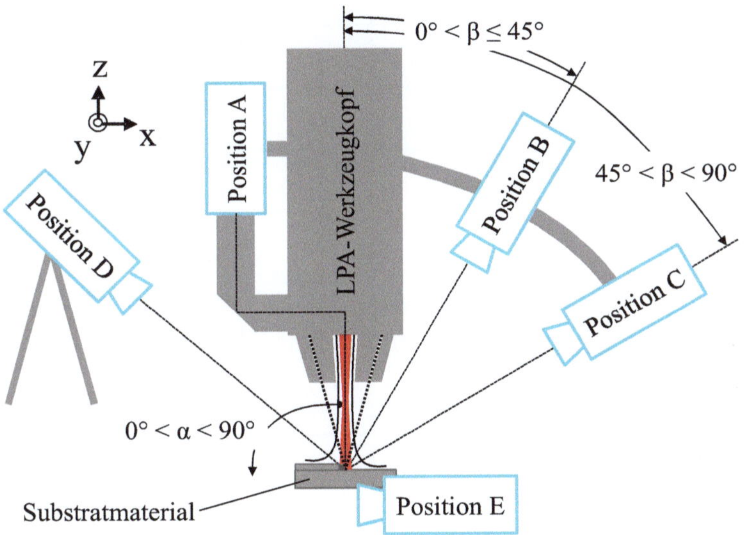

Abbildung 4.2:   Darstellung der potentielle Sensorpositionen im Fertigungssystem

Position A umfasst Sensorsysteme, die in den Strahlengang des LPA-Systems eingekoppelt sind. Dadurch wird eine direkte Beobachtung des Bearbeitungspunktes (Schmelzbad) möglich. In Position B integrierte Systeme betrachten den Prozess durch externe Integration am Werkzeugkopf. Die Monitoringachse ist gegenüber der Bearbeitungsachse um den Winkel β, 0 bis 45°, geneigt. Position C umfasst vergleichbare Sensorsysteme, die Neigung zur Bearbeitungsachse beträgt allerdings den Winkel β, eine Neigung 45 bis 90°. Alle Sensorsysteme, die nicht am Werkzeugkopf, sondern stationär im Umfeld integriert sind und deren Monitoringachse auf den Prozess gerichtet ist, werden in Position D eingeordnet. Die Monitoringachse ist dabei um den Winkel α zwischen 0° und 90° gegenüber der Bearbeitungsachse geneigt. Sensorsysteme, die direkt am Substratmaterial integriert sind, werden in Position E eingeordnet. Es resultieren insgesamt 34 Sensorkonfigurationen, die in Tabelle 4.2 zusammengefasst werden.

Tabelle 4.2:   Überblick über alle für das LPA-Verfahren nutzbare Sensorkonfigurationen

S #	Sensorsystem	Position	Sensorkonfiguration
S01	CCD/CMOS Kamera	A	CCD/CMOS Kamera (A)
S02	CCD/CMOS Kamera	B	CCD/CMOS Kamera (B)
S03	CCD/CMOS Kamera	C	CCD/CMOS Kamera (C)
S04	CCD/CMOS Kamera	D	CCD/CMOS Kamera (D)
S05	CCD/CMOS Kamera + Laserstrahlen	A	CCD/CMOS Kamera + Laserstrahl (A)
S06	CCD/CMOS Kamera + Laserstrahlen	C	CCD/CMOS Kamera + Laserstrahl (C)
S07	CCD/CMOS Kamera + Strukturlicht	D	CCD/CMOS Kamera + Strukturlicht (D)
S08	CCD/CMOS Multi-Kamerasysteme	C	CCD/CMOS Multi-Kamerasysteme (C)
S09	CCD/CMOS Multi-Kamerasysteme	D	CCD/CMOS Multi-Kamerasysteme (D)
S10	CCD/CMOS Multi-Kamerasysteme	E	CCD/CMOS Multi-Kamerasysteme (E)
S11	Infrarot Kamera IR-A	A	Infrarot Kamera IR-A (A)
S12	Infrarot Kamera IR-A	B	Infrarot Kamera IR-A (B)
S13	Infrarot Kamera IR-A	D	Infrarot Kamera IR-A (D)
S14	Infrarot Kamera IR-B	A	Infrarot Kamera IR-B (A)
S15	Infrarot Kamera IR-B	B	Infrarot Kamera IR-B (B)
S16	Infrarot Kamera IR-B	C	Infrarot Kamera IR-B (C)
S17	Infrarot Kamera IR-B	D	Infrarot Kamera IR-B (D)
S18	Infrarot Kamera IR-C	C	Infrarot Kamera IR-C (C)
S19	Infrarot Kamera IR-C	D	Infrarot Kamera IR-C (D)
S20	Kontaktmikrofon	E	Kontaktmikrofon (E)
S21	Luftschallmikrofon	D	Luftschallmikrofon (D)
S22	Laser-Abstandssensor	B	Laser-Abstandssensor (B)
S23	Laser-Abstandssensor	D	Laser-Abstandssensor (D)
S24	Laser-Abstandssensor	E	Laser-Abstandssensor (E)
S25	Laser-Profilsensor	B	Laser-Profilsensor (B)
S26	Messtaster	E	Messtaster (E)
S27	Photodiode	A	Photodiode (A)
S28	Pyrometer	A	Pyrometer (A)
S29	Pyrometer	B	Pyrometer (B)
S30	Pyrometer	D	Pyrometer (D)
S31	Spektrometer	B	Spektrometer (B)
S32	Spektrometer	C	Spektrometer (C)
S33	Spektrometer	D	Spektrometer (D)
S34	Thermoelement	E	Thermoelement (E)

Es fällt der vielfache Einsatz von CMOS-Kameras und Infrarot-Kameras auf. Zu diesen Sensorsystemen gibt es sehr viele Forschungsaktivitäten und entsprechend auch viele

Varianten in der Sensorintegration. Die Potentialbewertung bezieht sich nachfolgend stets auf die 34 definierten Sensorkonfigurationen. Unklar ist bisher, welchen Bezug die Sensorkonfigurationen zu den relevanten Prozessgrößen bzw. Qualitätsgrößen haben.

4.2 Verknüpfung von Messgrößen zu Qualitätsgrößen

Das Potential der Sensorkonfigurationen hängt stark von der Anwendung der Sensorkonfiguration ab. Um einzuordnen, ob eine Konfiguration für einen speziellen Anwendungsfall geeignet ist, muss eine eindeutige Verknüpfung der Messgrößen zu einer gewünschten Prozess- bzw. Qualitätsgröße bestehen. Die Definition der allgemeinen Qualitätsgrößen ist dem Abschnitt 2.3 und Tabelle 2.2 zu entnehmen.

Der vorliegenden Anwendungsfall ist charakterisiert durch Defektentstehung durch Rissbildung und Delamination. Risse entstehen durch Eigenspannung und haben eine Auswirkung auf die Dichte der LPA-Struktur. Zur Erhebung des Potentials für den vorliegenden Anwendungsfall wird dementsprechend nur die Verknüpfung von Sensorkonfigurationen zu den Qualitätsmerkmalen <u>Q06 und Q07 positiv bewertet</u>. Eine Verknüpfung zu den weiteren Qualitätsmerkmalen wird nicht berücksichtigt. Die positive Bewertung fließt durch das Bewertungskriterium Q (Identifizierbarkeit der relevanten Qualitätsgrößen) in die Erhebung des Gesamtpotentials ein (vgl. Abschnitt 4.3.2).

4.3 Bewertungskriterien zur Potentialerhebung

Die Potentialbewertung baut auf der Gegenüberstellung von Kostenfaktoren (KF) zu Nutzenfaktoren (NF) auf. Die Erhebung des Gesamtpotentials folgt der Methode der Nutzwertanalyse. Das Bewertungssystem ist in Abbildung 4.3 dargestellt.

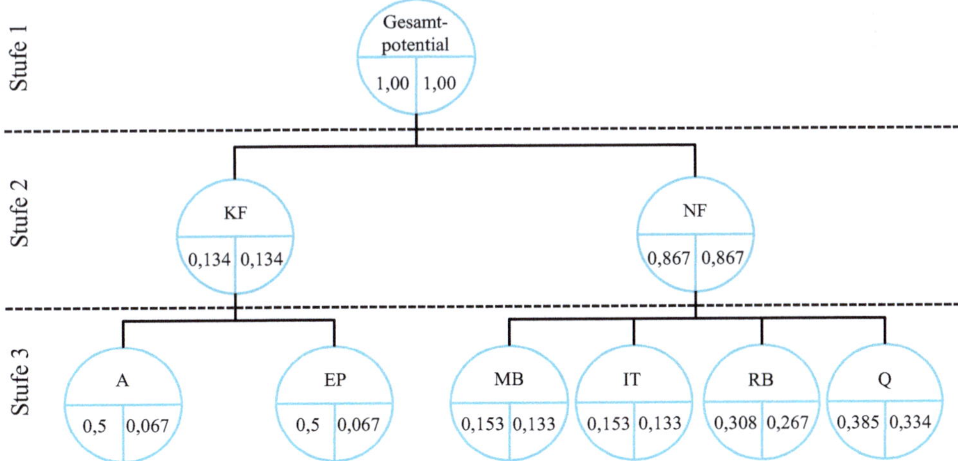

Abbildung 4.3: Zusammensetzung des Gesamtpotentials nach der Nutzwertanalyse

Das Gesamtpotential je Sensorkonfiguration setzt sich gleichgewichtet zusammen aus den Kosten- und Nutzenfaktoren. Die Kostenfaktoren bestehen aus dem Integrationsaufwand (A) und aus dem Entwicklungspotential (EP). Die Nutzenfaktoren setzen sich aus dem potentiellen Messbereich (MB), dem maximal erreichbaren Integrationstypen (IT), der Robustheit (RB) und der Identifizierbarkeit von relevanten Qualitätsgrößen (Q) zusammen.

Zur Gewichtung der Kriterien in Stufe 3 wird der Kriterienvergleich nach der Präferenzenmatrix in abgewandelter Form durchgeführt. Die jeweiligen Stufengewichte ergeben sich aus der Anzahl der gezählten Paargewinner bezogen auf die Gesamtanzahl der Paarvergleiche. Die höchste Stufengewichtung erhält das Kriterium Q mit 0,334. Aus den Stufengewichten in Stufe 3 werden die Knotengewichte im Bottom-up Ansatz ermittelt. Die Präferenzenmatrix ist dem Anhang (A.2) beigefügt.

4.3.1 Kostenfaktoren

Die Definition der Kostenfaktoren orientiert sich an den zuvor genannten Kernfragen zu den Messverfahren:

- Wie hoch ist das Entwicklungspotential des Messverfahrens?
- Wie hoch ist der Integrationsaufwand?

Bei einer anstehenden Investition oder Integration eines Systems in ein bestehendes System sind die Kosten möglichst gering zu halten. Vereinfacht betrachtet entstehen Kosten durch die Anschaffung eines neuen Systems, durch den Integrationsaufwand in das bestehende System und durch den Entwicklungsaufwand, der benötigt wird, um ein System lauffähig zu bekommen. Zur vereinfachten Betrachtung der Kostenfaktoren werden zwei Untergruppen der Aufwände definiert:

- Integrationsaufwand (A)
- Entwicklungspotential (EP)

Das beste Potential wird erreicht bei einem geringen Integrationsaufwand und einem hohen Entwicklungspotential. Das volle Potential wird bei einer Bewertung von 1 erreicht. Die beiden Aufwände werden gleichgewichtet betrachtet. Die KF ergeben sich daher aus dem Mittelwert von A und EP.

$$KF = \frac{A+EP}{2} \qquad\qquad\qquad (4.1)$$

<u>Integrationsaufwand (A)</u>

Der Integrationsaufwand entsteht durch die Anschaffung eines Monitoringsystems sowie durch den entstehenden Aufwand bei der Integration des Monitoringsystems (IA) in das bestehende Fertigungssystem. Die Beschaffung des Monitoringsystems wird durch die Einordnung der Kosten in Investitionsgruppen (IG) bewertet. Bei gleichgewichteter Betrachtung beider Kriterien ergibt sich der IA durch folgende Gleichung:

$$A = \frac{IG+IA}{2} \qquad\qquad\qquad (4.2)$$

Da das heranziehen von exakten Kosten bei der Beschaffung von Sensorsystemen teilweise unklar ist, werden die Sensorsystem in drei Investitionsgruppen (IG) eingeordnet:

- $IG_i = 1$; Sensorsysteme bis 1.000 €

- $IG_{ii} = 2$; Sensorsysteme zwischen 1.000 € und 10.000 €
- $IG_{iii} = 3$; Sensorsysteme ab 10.000 €

Je günstiger das Sensorsystem, desto geringer fällt die IG aus. Da bei einer geringen IG dementsprechend ein hohes Potential entsteht ($IG = 1$), wird der Kehrwert aus der aus der Gruppennummer gebildet.

$$IG = \frac{1}{I_n} \tag{4.3}$$

Das Teilpotential nach der Aufwandsgruppe IA wird abgeschätzt nach Einordnung der Sensorposition im Fertigungssystem (vgl. Abbildung 4.2). Einfach ist die Integration bei externe Sensorsystemintegration mit Ausrichtung der Monitoringachse auf den Prozessbereich. Diese Konfiguration ist in Position D gegeben. Ein hoher Integrationsaufwand wird erwartet, wenn ein Sensorsystem in den Werkzeugkopf integriert werden und ggf. die optische Achse der Bearbeitungsoptik verwendet. Hierbei muss auf eine korrekte Integration, Ausrichtung und Schnittstelle geachtet werden. Zudem muss das System an die bestehende Werkzeuggeometrie und die zu erwartenden Bewegungen adaptiert werden. Dieser Integrationsaufwand ist daher bei den Sensorpositionen A, B und C zu erwarten. Ein mittlerer Aufwand ist bei den weiteren Sensorpositionen zu erwarten (E). Die Gruppen werden in Tabelle 4.3 zusammengefasst.

Tabelle 4.3: Einordnung des Integrationsaufwandes (IA) in Aufwandsgruppen IA_n nach der Sensorposition im Fertigungssystem

Aufwandsgruppe IA_n	Integrationsaufwand	Sensorposition
1	Einfach	D
2	Mittel	E
3	Hoch	A, B, C

Auch hierbei entspricht eine hohe Gruppe einem geringeren IA und somit einem hohen Potential. Ergibt sich das Potential – bezogen auf den Integrationsaufwand – aus dem Kehrwert der Aufwandsgruppe IA_n:

$$IA = \frac{1}{IA_n} \tag{4.4}$$

Entwicklungspotential (EP)

Das Entwicklungspotential (EA) kann aus dem aktuellen Entwicklungsstand (ES) des Sensorsystems bzw. Messverfahrens hergeleitet werden. Die Einordnung des Entwicklungsstandes ist herausfordernd zu quantifizieren. Ein Indiz für den Entwicklungsstand ist der dokumentierte Forschungsstand in der zugänglichen Literatur. Daher wird die Literatursammlung genutzt, um den Entwicklungsstand einer Sensorkonfiguration einzuordnen. Damit eine Veröffentlichung in der Analyse berücksichtigt wird, muss die folgende Bedingung erfüllt werden:

- Die Veröffentlichung untersucht die Nutzbarkeit einer Sensorkonfiguration im LPA-Prozess zur Bewertung der Qualitätsgröße ‚Q6: Dichte' oder ‚Q7: Eigenspannung'

Die Veröffentlichungen, die die Bewertung der weiteren Qualitätsgrößen (Q1…Q5) untersuchen, werden bewusst nicht berücksichtigt, da der vorliegende Monitoringbedarf durch Qualitätsprobleme hinsichtlich Rissbildung und Delamination entsteht. Diese Defektbildung fällt gemäß Abschnitt Tabelle 2.2 unter die Gruppen Q6 und Q7.

Die Gesamtanzahl der Veröffentlichungen sowie die Anzahl der Zitierungen pro Jahr (seit Erscheinungsjahr der Veröffentlichung) wird erhoben und normalisiert. Somit wird. die höchste Anzahl der Veröffentlichungen mit einer 1 bewertet. Das Entwicklungspotential ist höher bei einem geringeren Entwicklungsstands. Daher bildet sich das Entwicklungspotential aus der Differenz des Entwicklungsstandes zu 1:

$$EP = 1 - ES \qquad\qquad (4.5)$$

4.3.2 Nutzenfaktoren

Zur Bewertung des potentiellen Nutzens werden vier Kriterien definiert, die sich aus den folgenden Fragen herleiten:

- Kann das Monitoringsystem die auftretenden Defekte feststellen und klassifizieren?
- Lässt sich das Messverfahren in den LPA-Prozess integrieren und sicher betreiben?
- Lassen sich die Daten unmittelbar während des LPA-Prozesses ausgeben?

Aus den Fragen leiten sich die Nutzenfaktoren Messbereich (MB), Integrationstyp (IT), Robustheit (RB) und Identifizierbarkeit der relevanten Qualitätsgrößen (Q) her. Die Faktoren werden gleichgewichtet betrachtet. Aus dem Mittelwert ergibt sich daher das Nutzenpotential:

$$NF = \frac{MB+IT+RB+Q}{4} \qquad\qquad (4.6)$$

Alle erhobenen Werte werden normalisiert, das höchste Potential wird entsprechend durch eine 1 repräsentiert.

<u>Identifizierbarkeit der relevanten Qualitätsgrößen (Q)</u>

Die Einordnung des Bewertungskriteriums Q basiert auf einer umfangreichen Literaturrecherche. Sobald in der Literatur bereits bewiesen wurde, dass eine Sensorkonfiguration verwendet wurde, um die Qualitätsgröße ‚Q6: Dichte' oder ‚Q7: Eigenspannung' zu bewerten, ist das Bewertungskriterium Q erfüllt. Wenn keine verknüpfte Veröffentlichung gefunden wird, ist das Kriterium nicht erfüllt. Dementsprechend handelt es sich um ein geschlossenes, zweistufiges Kriterium:

- Q = 1; in der Literatur wurde mind. 1 Veröffentlichung gefunden, die einen Zusammenhang zwischen der jeweiligen Sensorkonfiguration und der Qualitätsgröße Q6 oder Q7 sieht.
- Q = 0; in der Literatur wurde keine Veröffentlichung gefunden, die einen Zusammenhang zwischen der jeweiligen Sensorkonfiguration und der Qualitätsgröße Q6 oder Q7 sieht.

Robustheit (RB)

Bei der Integration von Sensorsystemen in Fertigungssysteme, ist je nach Anforderungsprofil eine gewisse Robustheit notwendig. Eine robuste Sensorkonfiguration besitzt deshalb einen höheren potentiellen Nutzen als eine weniger robuste Sensorkonfiguration. Eine quantitative Einordnung der Sensorkonfigurationen ist nicht durchführbar. Es wird deshalb ein vierstufiges Einordnungssystem definiert, das sich an der Widerstandfähigkeit der Sensorkonfiguration gegenüber äußeren Einflüssen widerspiegelt.

Tabelle 4.4:   Einordnungssystem zur Bewertung der Robustheit der Sensorkonfigurationen

Robustheit RB_i	Auswirkung von äußeren Einflüssen auf Messverfahren	Beispiel
1	Kein Einfluss	Schweißrauch hat keinen Einfluss auf die Messung von mechanischen Schwingungen am Werkstück.
0,67	Indirekter Einfluss auf die Messgröße, präventive Maßnahmen sind umsetzbar	Schweißrauch hat durch die Änderung der Gaszusammensetzung indirekten Einfluss auf das Monitoring von Luftschallemissionen.
0,33	Direkter Einfluss auf die Messgröße, präventive Maßnahmen sind umsetzbar	Schweißrauch verdeckt die optische Monitoringachse und macht optische Schmelzbadauswertung ohne präventive Maßnahme unmöglich. Eine Präventive Maßnahme ist mit einer Absaugung jedoch umsetzbar.
0	Direkter Einfluss auf die Messgröße, präventive Maßnahmen sind schwer umsetzbar	Hohe Temperaturen haben direkten Einfluss auf die Anwendung eines Messtasters. Eine präventive Maßnahme ist schwer umsetzbar.

Als äußere Einflussgrößen werden 3 Gruppen definiert:

- (i) Einfluss auf das Messergebnis durch Pulver, Schweißrauch, wechselnde Lichtverhältnisse
- (ii) Einfluss auf das Messergebnis durch hohe Temperaturen
- (iii) Einfluss auf das Messergebnis durch äußere Schwingungen und Vibrationen

Die Robustheit je Sensorkonfiguration ergibt sich durch Gleichgewichtung der drei bewerteten Einflussgruppen:

$$RB = \frac{R_i + R_{ii} + R_{iii}}{3} \tag{4.7}$$

Messbereich (MB)

Die Bewertung des Messbereiches einer Sensorkonfiguration beruht auf der Annahme, dass der potentielle Nutzen eines Sensorsystems höher ist, wenn ein größerer (relevanter) Messbereich abgedeckt werden kann. Die Einordnung der Sensorkonfiguration erfolgt nach Messbereich-Klassen. Da der Messbereich nicht nur vom Messverfahren, sondern auch vom Integrationstyp abhängt, ist die Betrachtung der Sensorkonfiguration erforderlich. Abbildung 4.4 visualisiert die Definition von 5 MB-Klassen.

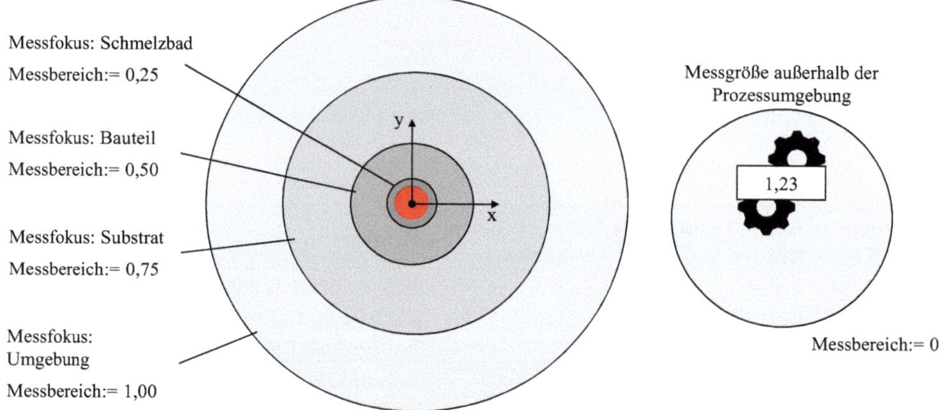

Abbildung 4.4:　　Definition von Messbereich-Klassen zur Bewertung des Messbereiches je Sensorkonfiguration

Die Abbildung skizziert schemenhaft die Draufsicht auf die Prozessebene beim LPA-Prozess. Eine Sensorkonfiguration, die nur das Schmelzbad betrachtet, erhält die Einstufung MB = 0,25. In der nächsten Klasse wird zusätzlich das Bauteil betrachtet, ohne die Qualität der Schmelzbadbetrachtung zur reduzieren (MB = 0,5). Bei zusätzlicher Betrachtung des Substratmaterials wird die Sensorkonfiguration mit 0,75 eingeordnet, bei zusätzlicher Betrachtung der Umgebung liegt das volle Potential mit 1 vor. Wenn die Messgröße außerhalb der Prozessumgebung liegt, wird das Potential des Messbereiches mit 0 bewertet.

Integrationstyp (IT)

Als letztes Kriterium zur Erhebung des Nutzen-Potentials je Sensorkonfiguration wird der maximal erreichbare Integrationstyp der Sensorkonfiguration betrachtet. Grundlage hierfür ist der Entwicklungsstand aus der Literatur. Sobald eine Veröffentlichung zeigt, dass eine Sensorkonfiguration ‚Online' im Prozess eingesetzt wird, so wird die Sensorkonfiguration mit dem vollen Potential bewertet. Es werden vier Stufen zur Klassifizierung definiert. Die Abstufung erfolgt nach Betrachtung zeit- und ortsaufgelöster Datenverfügbarkeit. Bei einem Online-Monitoring Verfahren werden Messdaten zeit- und ortaufgelöst unmittelbar verfügbar. Bei einer In-Situ Integration sind die Messdaten zwar unmittelbar vom Messort verfügbar, jedoch erst zeitlich nachgelagert verfügbar. Bei der In-Prozess Integration sind Messdaten zeitlich unmittelbar verfügbar, allerdings können sie örtlich vom Messobjekt abweichen. Bei der Ex-situ-Messung sind Messdaten weder zeitlich noch örtlich unmittelbar verfügbar. Die resultierende Klassifizierung ist in Tabelle 4.5 zusammengefasst.

Tabelle 4.5: Klassifizierung von Integrationstypen (IT) durch Bewertung der zeitlichen und örtlichen Datenverfügbarkeit

Bewerteter IT	Integrations-typ IT	Zeitliche Verfügbarkeit	Örtliche Verfügbarkeit
1	Online	Unmittelbar	Unmittelbar
0,66	In-Prozess	Unmittelbar	Verzögert
0,33	In-situ	Verzögert	Unmittelbar
0	Ex-situ	Verzögert	Verzögert

4.4 Potentiale von Sensorkonfigurationen beim LPA

Nach Anwendung des Bewertungssystems und Eingabe aller notwendigen Daten wird das Gesamtpotential für jede Sensorkonfiguration ausgegeben. Das maximale Potential wird als relativer Wert ausgegeben, der höchst erreichbare Wert liegt demnach bei 100 %. Das Gesamtergebnis wird im Balkendiagramm in Abbildung 4.5 zusammengefasst. Aus Gründen der Lesbarkeit ist nur jeder zweite Balken beschriftet. Die vollständig beschriftete Darstellung ist dem Anhang (A.3) zu entnehmen.

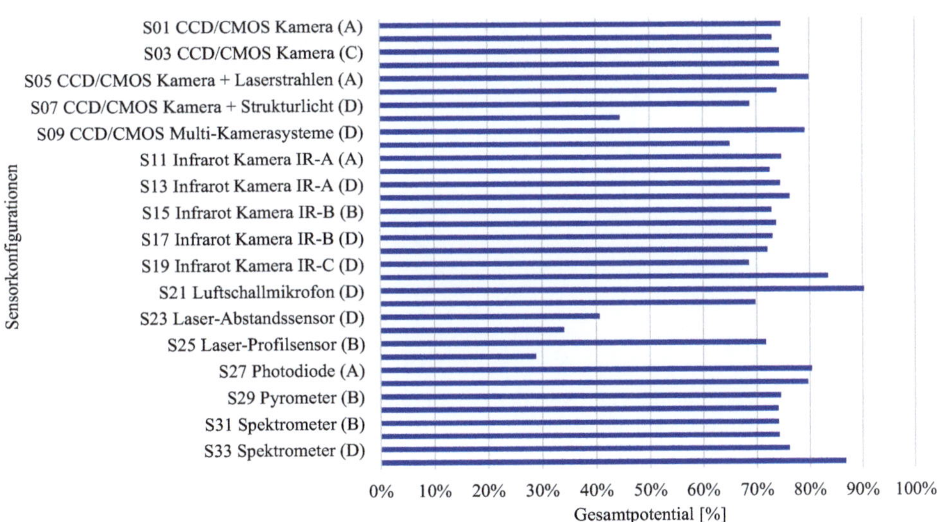

Abbildung 4.5: Gesamtpotential je Sensorkonfiguration für den vorliegenden Anwendungsfall

Die Erhebung ergibt das größte Gesamtpotential mit etwa 90 % bei der Sensorkonfiguration S21, dem extern integrierten Luftschallmikrofon. An zweiter Stelle steht mit ca. 86 % das Thermoelement (S34), an dritter Stelle das Kontaktmikrofon etwa 84 %. Werden die einzelnen Teilpotentiale des Luftschallmikrofons betrachtet, verdeutlicht sich das hohe

Gesamtpotential für den vorliegenden Anwendungsfall. Das Luftschallmikrofon kann durch die externe Integration den gesamten Prozessbereich sowie die umliegenden Bereiche inklusive Substratmaterial analysieren. Hierdurch erreicht die Sensorkonfiguration das volle Teilpotential unter dem Messbereich. Ebenfalls wird beim Integrationstyp das volle Teilpotential erreicht. Dies liegt daran, dass die Literatur bereits vollständige In-Prozess Analysen mittels Luftschallsensorik präsentiert. Es werden dabei jedoch Anwendungen in verwandten Fertigungsprozessen fokussiert. Die Sensorkonfiguration erweist sich außerdem als vergleichsweise robust. Das volle Potential wird unter der Robustheit jedoch nicht erreicht, insb. durch die Einschränkung durch zu hohe Temperatur und Spritzer im Schweißprozess, die einen Sensor beschädigen können. Da die Rissanalyse mittels Luftschallmikrofonen in der Literatur bereits untersucht wurde, erhält die Sensorkonfiguration für das qualitätsbezogene Teilpotential ebenfalls die volle Bewertung. Ebenso kann davon ausgegangen werden, dass der Integrationsaufwand wegen der externen Sensorintegration gering ist. Zusätzlich sind Luftschallmikrofone günstig in der Beschaffung, wodurch das volle Potential im Integrationsaufwand erreicht wird. Zusätzlich ist das Entwicklungspotential im Vergleich zu den anderen Sensorkonfiguration hoch: es werden zwar Verknüpfungen zu den relevanten Qualitätsgrößen in der Literatur festgestellt, jedoch ist die Anzahl an Publikationen in Bezug auf den LPA-Prozess vergleichsweise gering. Einen Überblick über die erzielte Teilpotential bietet Abbildung 4.6. Eine Übersicht der vollständigen Teilpotentiale für alle Sensorkonfigurationen ist im Anhang (A.4) hinterlegt.

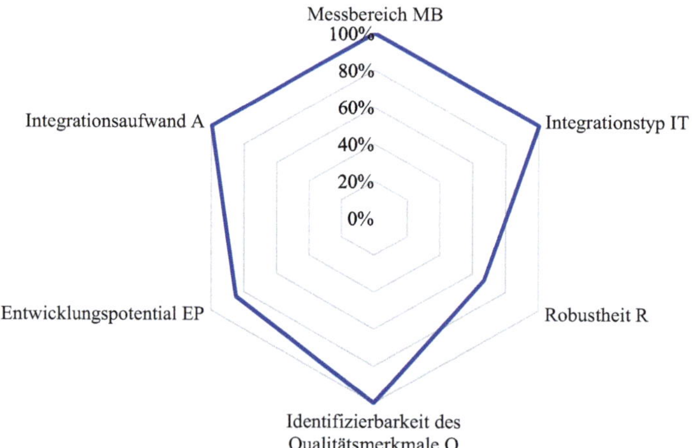

Abbildung 4.6:   Teilpotentiale von Sensorkonfiguration S21: Luftschallmikrofon für den vorliegenden Anwendungsfall

Auffallend ist das hohe Potential beider akustischen Messverfahren. Insbesondere in den letzten Jahren zeigen die Forschungsergebnisse vielversprechende Einsatzmöglichkeiten der beiden Verfahren. Dabei werden körperschallbasierende Verfahren gegenüber Luftschallsensoren effektiver bezeichnet, da sie umgebende Störgeräusche deutlich weniger aufnehmen. Es lassen sich dennoch drei Hauptgründe konstatieren, die für eine Bevorzugung der luftschallbasierten Sensorik gegenüber körperschallbasierter Sensorik sprechen:

-     Der Integrationsaufwand bei körperschallbasierten Messverfahren ist höher. Jedes Substratmaterial muss erneut mit Sensorelementen ausgestattet werden, dabei ist auf eine präzise Positionierung der Elemente zu achten. Beim LPA-Prozess wird das Substratmaterial nach jedem Baujob ausgetauscht. Da eine luftschallbasierte Sensorik extern vom Prozesskopf und vom Substratmaterial integriert wird, bspw. in eine LPA-Prozesskammer, verspricht das luftschallbasierte Messverfahren eine höhere Flexibilität und einen geringeren Integrationsaufwand.

- Der Messbereich eines Sensorelements bezieht sich immer nur auf ein Substratmaterial. Bei der Bearbeitung von verschiedene Substratmaterialien müsste jedes Werkstück mit einem zusätzlichen Sensorelement ausgestattet werden. Die Bearbeitung von diversen Substratmaterialien in einem Baujob ist bei LPA-Prozessen üblich, somit ist die Skalierbarkeit und Flexibilität bei Substrat-gebundenen Sensorelementen geringer. Zusätzlich werden körperschallbasierte Sensorelemente häufig mittels Kleber an den Substratmaterialien befestigt. Durch hohe Prozesstemperaturen kann sich der Kleber im Prozess auflösen, es resultiert eine fehlerhaften Prozessüberwachung.

- Das Entwicklungspotential ist bei luftschallbasierten Messverfahren höher als bei Kontakt-basierten Messverfahren.

Die höhere Flexibilität von luftschallbasierter Sensorik spricht für eine hohes Potential des Messverfahrens zur Detektion von Riss- und Delaminationsdefekten im LPA-Prozess. Das zu entwickelnde Monitoringsystem basiert aus diesem Grund auf einer luftschallbasierten Messtechnik. Die konkreten Anforderungen werden nach der detaillierten Prozess-, Defekt- und Emissionscharakterisierung in Abschnitt 4.5 erarbeitet. Die Entwicklung des Monitoringsystems erfolgt ab Kapitel 5.

4.5 Anforderungsentwicklung an ein akustisches Monitoringsystem

Die luftschallbasierte Sensorik verspricht ein hohes Potential zu Erkennung von Riss- und Delaminationsdefekten im LPA-Prozess. Zur Entwicklung eines entsprechenden Monitoringsystems werden nachfolgend die Anforderungen definiert. Diese bauen auf der Charakterisierung der Prozessumgebung, der Defektentstehung und der akustischen Emissionen auf.

4.5.1 Charakterisierung der Prozessumgebung

Die Prozessbedingungen haben einen Einfluss auf den Einsatz von luftschallbasierten Monitoringsystemen. Speziell für dieses Messverfahren sind die internen und externen Umgebungseinflüsse in Abbildung 4.7 grafisch zusammengefasst.

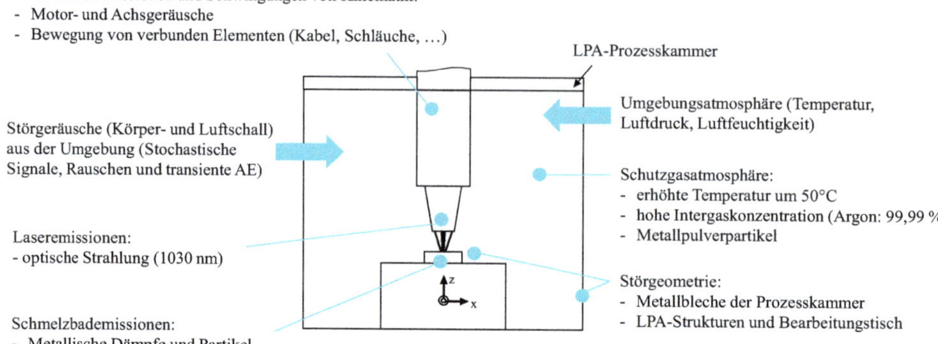

Abbildung 4.7:   Sammlung von internen und externen Prozesseinflüssen zur Charakterisierung der LPA In-Prozessbedingungen

Der heiße Fügeprozess führt zu einer herausfordernden Prozessumgebung für das zu entwickelnde luftschallbasierte Monitoringsystem. Es herrschen schlechte Sichtverhältnisse in einer warmen Schutzgasatmosphäre. Neben dem Schutzgas sammeln sich in der Atmosphäre metallische Dämpfe und Partikel. Durch den kontaktlosen Prozess ist die Werkstückbearbeitung schwingungsarm. Es lassen sich vier Haupteinflussgruppen definieren, die als Grundlage für die Anforderungsdefinition des Monitoringsystems dienen.

- P1: Schutzgasatmosphäre (Gaszusammensetzung, Temperatur)
- P2: Umgebungsemissionen (Geräusche, Schwingungen, Lichter)
- P3: Prozessemissionen (Schmelzbad, Laser, Metallpartikel und -dämpfe)
- P4: Weitere Einflüsse durch die Einhausung des Prozesses und resultierende Anlagen- und Störgeometrien

4.5.2 Defektentstehung beim LPA-Prozess

Die grundlegende Defektentstehung und Ursachen sind bereits im Stand der Wissenschaft und Technik beschrieben (vgl. Abschnitt 2). In diesem Unterkapitel werden konkrete Defektformationen analysiert, die beim LPA-Auftrag von NiTi-Strukturen auf Ti-Substrat entstehen. Es folgt ebenso eine Einordnung zwischen unkritischen und kritischen Defekten, die sich aus der Anwendung der LPA-Strukturen herleiten lassen.

Zunächst werden die makroskopisch sichtbaren Defekte skizziert. Abbildung 4.8 zeigt generierte LPA-Strukturen aus Vorversuchen.

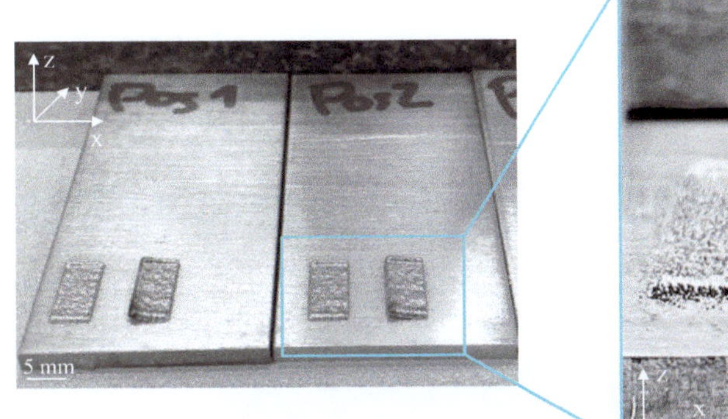

Abbildung 4.8: Fotoaufnahmen von LPA-Strukturen zeigen die Defektbildung (Delamination) in unterschiedlichen Ausprägungen. In der Detailaufnahme ist nur die Delamination in der rechten LPA-Struktur zu erkennen.

Die Abbildung zeigt die Draufsicht von zwei LPA-Strukturen auf dem Substratmaterial. Die Detailaufnahme zeigt die Stirnseite der beiden Strukturen. Bei der rechten Struktur ist eine eindeutige und starke Ablösung vom Substratmaterial erkennbar. Bei der linken LPA-Struktur ist äußerlich keine Defektbildung erkennbar.

Die Delamination der LPA-Struktur würde zur Fehlfunktion von Dichtelementen führen, aus diesem Grund ist diese Art der Defektformation als kritisch einzuordnen.

Dieselben LPA-Strukturen wurden im Nachgang im μCT-System untersucht, die Aufnahmen sind in Abbildung 4.9 zu sehen. Auch hier ist in der rechten Aufnahme die eindeutige Delamination der LPA-Struktur zu erkennen. Beim genaueren Hinsehen fällt in der linken LPA-Struktur ebenfalls die Spaltbildung zum Substratmaterial auf, es ist von einer beginnenden Delamination auszugehen. Auch bei einer geringen Ausprägung der Delamination ist von einem kritischen Defekt auszugehen, der zur Fehlfunktion des Dichtelements führen würde. Dies unterstreicht die Notwendigkeit eines Monitoringsystems, welches die Delamination in unterschiedlichen Ausprägungsgraden zuverlässig erkennen kann.

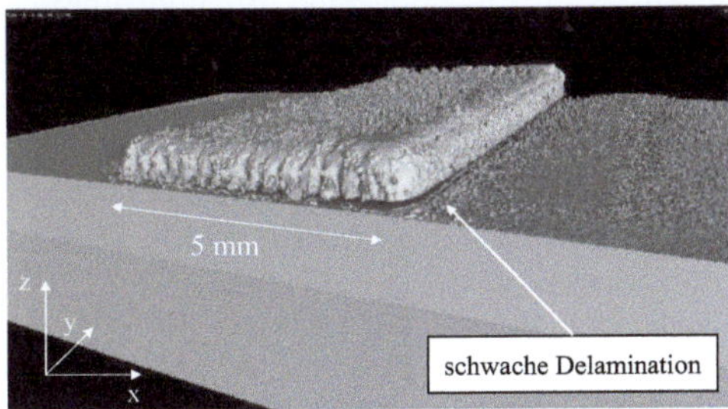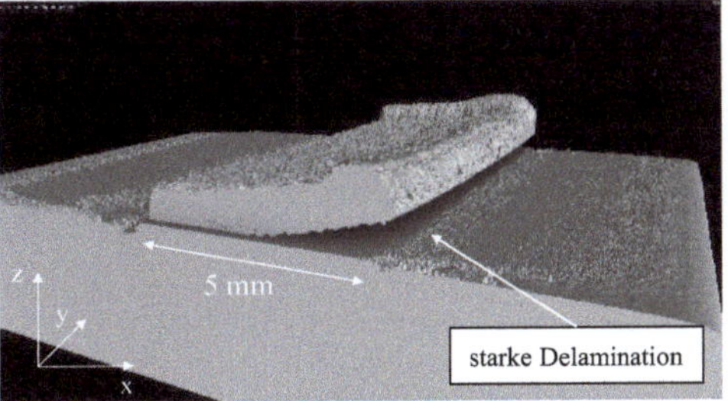

Abbildung 4.9: μCT-Aufnahmen der LPA-Strukturen zeigen die kritische Defektbildung (Delamination) in schwacher (links) und starker Ausprägung (rechts)

Die μCT-Aufnahmen weisen zusätzlich auf eine Defektbildung innerhalb der LPA-Strukturen. Zur Verdeutlichung dieser Defekte werden weitere LPA-Strukturen metallografisch aufbereitet, um eine Schnittsichtanalyse mit dem Mikroskop durchführen zu können. Die Mikroskop-Aufnahmen sind in Abbildung 4.10 dargestellt. Zur Untersuchung wurden bewusst LPA-Strukturen ausgewählt, die von außen keine eindeutigen Defekte vorweisen.

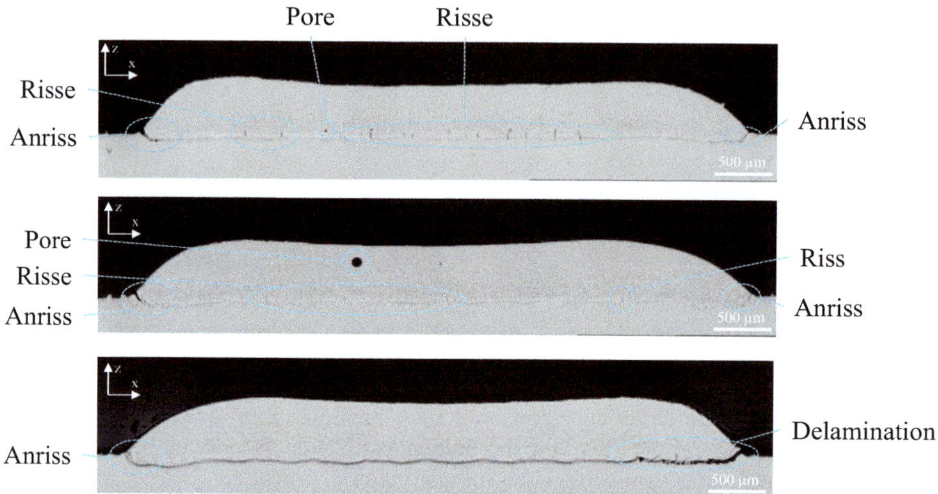

Abbildung 4.10:   Defektindikation mittels Schnittansicht (x-z-Ebene) von LPA-Strukturen

In der Abbildung sind bereits erkennbare Defektformationen markiert. Im oberen Schnittbild sind im Randbereich der LPA-Struktur Anrisse zwischen dem Substrat und der LPA-Struktur erkennbar. Es ist davon auszugehen, dass sich beim Auftrag weiterer Schichten diese Anrisse zur vollständigen Delamination weiterentwickeln. Zusätzlich sind feine, vertikale Risse (in z-Richtung) an der Grenzfläche sowie eine kleine Pore zu erkennen. Durch die sehr runde Porenausprägung ist von einer Gaspore auszugehen. Ein vergleichbares Bild ist in der mittleren Schnittansicht zu erkennen: es haben sich Risse im Grenzbereich und leichte Anrisse im Randbereich gebildet. Es ist ebenfalls eine größere runde Pore zu erkennen. Die untere Schnittansicht zeigt nur die Defektformation des Anrisses bzw. des stark ausgeprägten Anrisses, der bereits als Delamination zu beschreiben ist.

Von den zusätzlichen Fehlern würden nur die Anrisse im Randbereich zur Fehlfunktion des Dichtelementes führen. Daher werden alle intrastrukturellen Defekte (feine Risse und Poren) als weniger kritisch eingeordnet. Die Anrisse werden als sehr gering ausgeprägte Delamination und somit als kritisch eingeordnet. Es ist davon auszugehen, dass eine weiterführende Mikrostrukturanalyse zusätzlich ungünstige Formationen in der Mikrostruktur erkennbar machen würde. Da es sich hierbei aber ebenfalls um intrastrukturelle Defekte handelt, werden diese Untersuchung nicht weiter fokussiert.

Die Eigenschaften der auftretenden Defekte sind nachfolgend zusammengefasst:
- D1: Es bilden sich Delaminationsdefekte in unterschiedlichen Ausprägungsgraden, die alle als kritisch zu betrachten sind.
- D2: Die Delamination ist nicht immer erkennbar durch die äußere Betrachtung der LPA-Struktur.

- D3: Zusätzliche intrastrukturelle Defektformationen wie Feinrisse oder Poren werden als weniger kritisch betrachtet, kommen aber vereinzelt ebenfalls vor.
- D4: Die Identifikation der kritischen Defekte mittels Monitoringsystem ist zwingend erforderlich.

Es ist davon auszugehen, dass bei der Ablösung der LPA-Struktur und der Bilder der Anrisse Energie frei wird und mechanisch Körperschallschwingungen im Substrat und in der LPA-Struktur anregt. Die schwingenden Massen wiederum regen die umliegende Atmosphäre an und überträgt den Schall in Luftschall. Dieser Effekt kann während der Versuche als akustische Prozessanomalie vom Nutzer wahrgenommen werden. Die Entstehung solcher akustischen Emissionen ist im Detail in Abschnitt 2 beschrieben, während die akustischen Prozessemissionen für ein potentielles Monitoringsystem in Abschnitt 4.5.3 charakterisiert werden.

4.5.3 Akustische Prozessemissionen im LPA-Prozess

In diesem Abschnitt werden die auftretenden luftschallbasierten Prozessemissionen konkretisiert, die während des LPA-Prozesses entstehen. Zur Erhöhung der Lesbarkeit werden die luftschallbasierten Prozessemissionen nachfolgend als AE bezeichnet. Die grundlegende Entstehung der AE ist in Abschnitt 2.4.1 erläutert. Die bereits beschriebenen Eigenschaften der AE (vgl. Abschnitt 2.4.2) werden durch die subjektive Wahrnehmung aus Vorversuchen ergänzt. Die detaillierte Signalanalyse erfolgt in Abschnitt 5.

Die im Prozess aufkommenden AE sind in Abbildung 4.11 schematisch visualisiert.

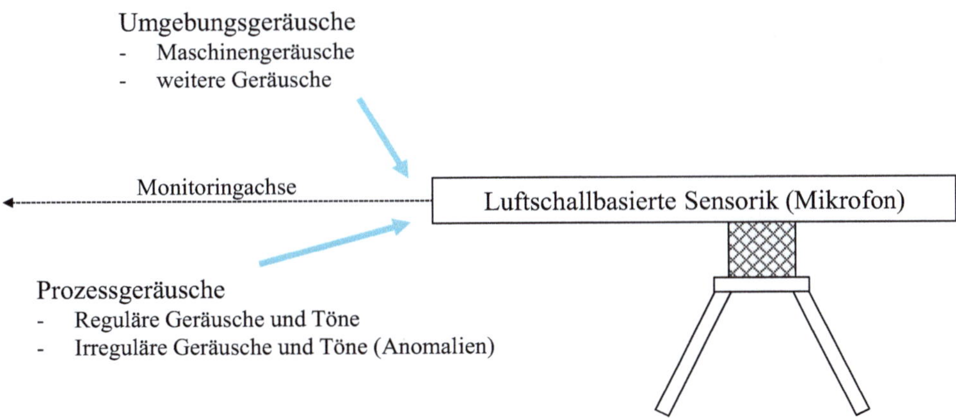

Abbildung 4.11:   Schematische Visualisierung der luftschallbasierten AE während des LPA-Prozesses

YANG et. al beschreibt die auftretenden AE-Signale beim LPA als instationäre AE Signale, die sich u.a. aus Umgebungsgeräuschen, nicht-periodischen Pulsen und weiteren externen Signalen zusammensetzen [140]. In der vorliegenden Anwendung werden die wahrnehmbaren AE aufgeteilt in Umgebungsgeräusche und Prozessgeräusche.

Zu den Umgebungsgeräuschen zählen Maschinengeräusche der LPA-Maschine, Maschinengeräusche von benachbarten Systemen und weitere Geräusche aus der Umgebung (von Objekten und Menschen). Die Umgebungsgeräusche gilt es mit dem Monitoringsystem möglichst auszublenden, da kein direkter Zusammenhang zur Prozess- bzw. Bauteilqualität besteht. Gegenteilig dazu sind die Prozessgeräusche zu betrachten: die Prozessgeräusche setzen sich aus regulären Prozessgeräuschen zusammen, wie bspw. dem Schutzgasstrom, dem Pulvermassenstrom oder der Schmelzbadformung und irregulären Prozessgeräuschen zusammen. Irreguläre Prozessgeräusche werden beschrieben durch akustische Anomalien. Diese entstehen bspw. durch Kollision der Optik, ein instabiles Schmelzbad bzw. ein instabiler LPA-Prozess (vgl. [71, 75, 76]) oder durch entstehende Defekte (vgl. Abschnitt 2.2 und [70, 76–78]). Diese irregulären Prozessgeräusche gilt es daher während des Prozesses zu analysieren.

Zusätzlich wurden Vorversuchen zur Analyse der AE durchgeführt, von denen angenommen wird, dass sie mit der Defektentstehung (vgl. 4.5.2) zusammenhängen. Die genannten AE sind durch die folgenden Eigenschaften beschreibbar:

- A1: Für den Menschen hörbare AE, dementsprechend müssen Frequenzanteile im Band zwischen $0 < f < 20$ kHz Teil der AE sein
- A2: AE, die ähnlich wie ein Klirren oder Glasbruch klingen. Die AE vermitteln den Eindruck, dass sie eine höhere Amplitude als die regulären Prozess- und Umgebungsgeräusche besitzen, weshalb sie für den Menschen erkennbar sind.
- A3: Transiente AE-Ereignisse, die nur kurzzeitig und plötzlich auftreten und eine sehr kurze Abklingzeit besitzen
- A4: Die AE treten sowohl während des Prozesses als auch unmittelbar nach dem Prozess auf. Auf Basis dessen wird angenommen, dass die AE während der Abkühlzeit der LPA-Struktur entstehen. Eine maschinenunabhängige Lokalisierung von akustischen Ereignissen im Prozessraum ist daher sinnvoll. Die Lokalisierung sollte dabei in der Lage sein, die akustischen Ereignisse mind. den Bauteilen im LPA-Baujob zuzuordnen, um zwischen defektfreien und defektbehafteten Bauteilen unterscheiden zu können. Bei einem Baujob auf einem Substratmaterial mit verschiedenen Bauteilen wird ein Mindestabstand von 50 mm zwischen den Bauteilen angenommen.

Abbildung 4.12 zeigt einen Ausschnitt einer Tonaufnahme während des Prozesses, die mit einem Audiorekorder aufgenommen wurden. Das Signal zeigt die aufgenommenen Datenpunkte in einem Zeitraum von etwa 48 s. Die Audioaufnahme wurde während des Prozesses erzeugt, in dem ebenfalls die oben beschriebenen AE auftreten. In der akustischen Signatur ist jedoch kein eindeutiges Merkmal erkennbar, welches auf eine Prozessanomalie hinweist. Um Merkmale in der akustischen Signatur zu erkennen, die auf die Prozess- bzw. Bauteilqualität hinweisen, ist daher ein Filtersystem notwendig.

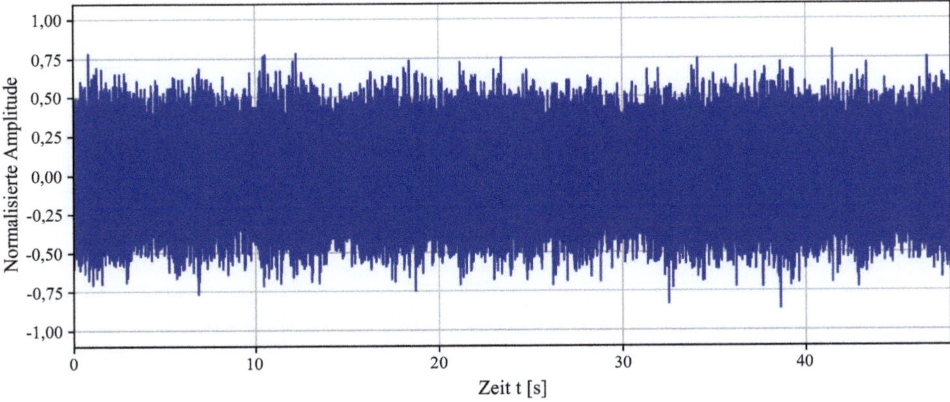

Abbildung 4.12: Normalisiertes akustisches Signal aus einem LPA-Vorversuch über die Prozesszeit in Sekunden

4.5.4 Anforderungsdefinition

Aus charakterisierten Defekten (Abschnitt 4.5.2), AE (Abschnitt 4.5.3) und der Prozessumgebung (Abschnitt 4.5.1) lassen sich Anforderungen für das Monitoringsystem ableiten. Zusätzlich lassen sich die Anforderungen einordnen in die Kategorie *Pflicht (P)* oder *Wünschenswert (W)*. Die Anforderungen sind in Tabelle 4.6 zusammengefasst. Zu jeder Anforderung wird eine verknüpfte Eigenschaft aus den vorherigen Kapiteln genannt (z.B. A1, ...). Aus diesem Grund wird auf die weitere Erläuterung der Anforderung verzichtet. Einzig zur Anforderung #15 besteht kein Bezug zu einer Prozess-, Defekt- oder Emissionseigenschaft. Die geringen Kosten sind auf Grund von begrenzten Entwicklungsressourcen eine administrative Vorgabe.

Tabelle 4.6: Anforderungen für das akustische In-Prozess Monitoringsystem

#	Bezug	Abgeleitete Anforderung	Wert	Kat.
1	D2, P2	Luftschallsensor	-	(P)
2	A1	Frequenzbereich	0 – 20 kHz	(P)
3	A2	Unterdrückung bzw. Filterung von störenden Prozess- und Umgebungsgeräuschen	-	(P)
4	A1	Abtastrate f	$f \geq 40$ kHz	(P)
5	A3	Aufnahmefähigkeit von transienten AE-Ereignissen	-	(P)
6	A4	Ortsaufgelöste Identifikation von AE-Ereignissen	Genauigkeit von ± 50 mm	(P)
7	D1	Korrelation (Korrelationskoeffizient R) der AE-Datenanalyse zur kritischen Defektbildung (Delamination der LPA-Struktur) und unabhängig der Ausprägung	Starke Korrelation ($0{,}6 < R < 0{,}79$)	(P)
8	D1/D3	Einordnung des Ausprägungsgrades der Delamination mit hoher Korrelation	Starke Korrelation	(W)

			(0,6 < R < 0,79)	
9	D4	Ergebnisausgabe während des LPA-Prozesses	-	(P)
10	P4	Integrierbarkeit in vorliegendes LPA-System, unabhängig von LPA-Bauteil	-	(W)
11	P1, P3	Robustheit (Temperaturbeständigkeit)	bis 50 °C	(P)
12	P3	Robustheit (Beständigkeit gegenüber Metallpulver)	-	(P)
13	D3	Korrelation (Korrelationskoeffizient R) zwischen AE-Datenanalyse und Rissbildung innerhalb der LPA-Strukturen	Starke Korrelation (0,6 < R < 0,79)	(W)
14	P4	Begrenzte Monitoringreichweite d durch begrenzten Raum im eingehausten LPA-Prozess	d ≤ 400 mm	(P)
15	-	Geringe Kosten	-	(W)
16	P4	Begrenzte Sensoranzahl n in Multi-Sensor Anordnung durch begrenzten Raum im eingehausten LPA-Prozess	n ≤ 8	(W)

5 Experimentelle Konzeption des akustischen Monitoringsystems

Im Kapitel 5 sind die Entwicklungsschritte zur Konzeption des LPA-Monitoringsystems dokumentiert. Der Ablauf der Entwicklungsphase ist in Abbildung 5.1 skizziert. Die Entwicklungsphase teilt sich in zwei wesentliche Entwicklungsstränge: einerseits in die Entwicklung des **zeit- und frequenzbasierten Monitoringsystems (Teilsystem I**, Abschnitt 5.1) und andererseits in die Entwicklung des **ortsaufgelösten Monitoringsystems (Teilsystem II**, Abschnitt 5.2). Die zweigeteilte Konzeptphase erfordert je Teilsystem unabhängige Entwicklungsschritte, die in den Unterkapitel bearbeitet werden.

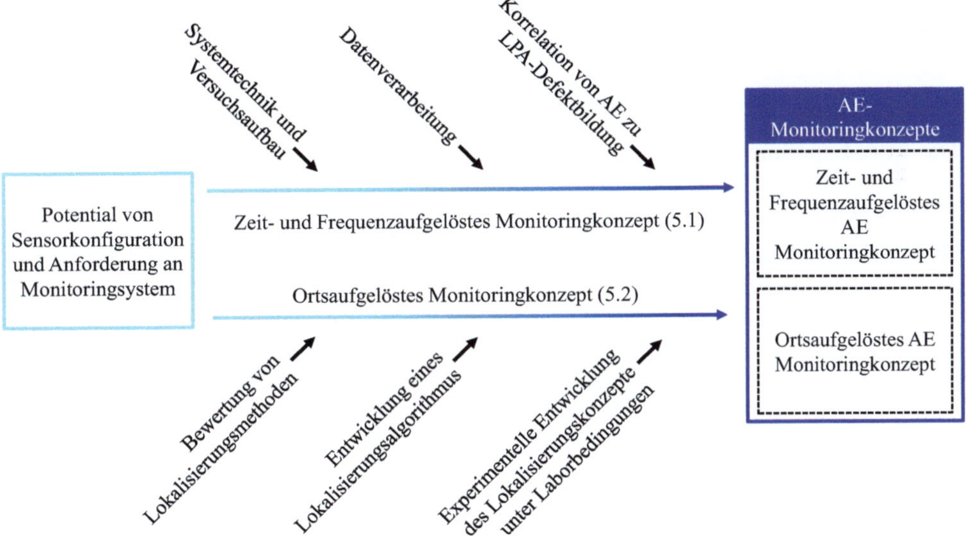

Abbildung 5.1:   Vorgehensweise zur Entwicklung des LPA-Monitoringkonzeptes für die Analyse von akustischen Prozessemissionen

5.1 Teilsystem I: Zeit- und Frequenzauflösung akustischer Emissionen

5.1.1 Systemtechnik und experimenteller Versuchsaufbau

Die Auswahl der Systemtechnik zur Prozessüberwachung orientiert sich an den in Abschnitt 4.5.4 definierten Anforderungen an das Messsystem sowie am aktuellen Stand der Wissenschaft und Technik. Das Monitoringkonzept wird anhand von LPA-Versuchen evaluiert.

© Der/die Autor(en), exklusiv lizenziert an
Springer-Verlag GmbH, DE, ein Teil von Springer Nature 2026
J. U. Weber, *Sensorische Prozessführung für das Laser-Pulver-Auftragschweißen*,
Light Engineering für die Praxis, https://doi.org/10.1007/978-3-662-73162-8_5

LPA-Prozesstechnik

Für die Versuche wird ein LPA-System der Fa. *ORLaser* verwendet. Das System nutzt einen Nd:YAG-Laser mit einer Wellenlänge von 1070 nm. Die Bearbeitungseinheit enthält ein optisches System mit einem beweglichen Kollimationssystem, um den Laserspotdurchmesser von 0,48 bis 3,52 mm variieren zu können. Als Schutz- und Trägergas kommt Argon (Ar) zur Anwendung. Durch den Einsatz von sauerstoffaktiven Materialien müssen die Versuche unter Schutzgasatmosphäre durchgeführt werden. Ein Restsauerstoffgehalt von bis zu 200 ppm kann bei einem durchschnittlichen Schutzgasstrom von 5 l/min erreicht werden. Der Restsauerstoffgehalt wird während der Versuche mittels Sensorik überwacht. Der Pulvermassenstrom wird durch ein scheibenförmiges Pulverfördersystem der Fa. *GTV* gesteuert. Der schematische Versuchsaufbau im LPA-System ist in Abbildung 5.3 dargestellt.

Versuchsablauf

Die LPA-Experimente werden mit vorlegiertem NiTi-Pulvermaterial (Ni 50,8 at. %, Ti 49,2 at. %) durchgeführt. Die Versuche werden mit den in Tabelle 5.1 zusammengefassten Prozessparametern durchgeführt.

Es werden rechteckige LPA-Strukturen (5 mm x 30 mm) mit insgesamt fünf Schichten auf Ti-Substratplatten aufgetragen (vgl. Abbildung 5.2). Die Form der LPA-Strukturen orientieren sich an metallischen Dichtelementen aus der Energietechnik. Vorversuche zeigen, dass ab der dritten LPA-Schicht hörbare AE-Events entstehen. Somit werden im Rahmen der Versuchsreihen kritische Defekte (Delamination) der LPA-Strukturen provoziert. Für alle Versuche werden identische Aufbaustrategien verwendet: ein unidirektionaler Spurauftrag, ein Schweißspurabstand von 550 µm und eine Schichthöhe von 165 µm.

Tabelle 5.1:   LPA-Prozessparameter für die Versuchsreihen 1 bis 5

Prozessparameter	Einheit	Versuchsreihe 1…4	Versuchsreihe 5
Laserleistung P	[W]	150	150
Laserspotdurchmesser A_p	[mm]	0,48	0,48 – 3,52
Schweißgeschwindigkeit v_s	[mm/s]	11,5	11,5
Pulvermassenstrom m_p	[g/min]	2,15	2,15
Schutzgasstrom v_{SG}	[l/min]	5	5

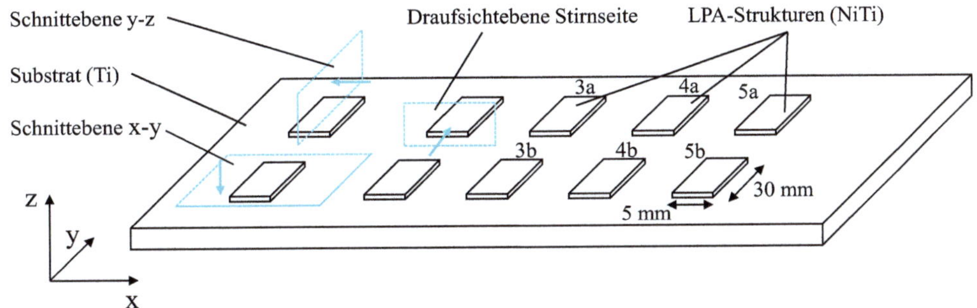

Abbildung 5.2:   Anordnung der LPA-Strukturen in der Versuchsphase und Darstellung der Schnitt- bzw. Sichtebene für die Analyse der LPA-Strukturen

Metallografische Untersuchung der LPA-Proben

Alle erzeugten Proben werden metallografisch untersucht, um relevante Kennwerte zur Beschreibung der Defektbildung zu erheben. Es werden vor der destruktiven Probenanalyse hochwertige Bildaufnahmen der Stirnseite jeder LPA-Struktur erstellt. Aus dieser Aufnahme wird die Spaltbildung aus der Delamination ersichtlich. Zur Bildaufnahme wird eine DSLR-Kamera mit einem Makroobjektiv verwendet. Die hohe Bildqualität ermöglicht die bildbasierte Vermessung der Stirnseite der LPA-Strukturen.

Zusätzlich werden die LPA-Strukturen entlang der in Abbildung 5.2 gezeigten Schnittebenen getrennt. Die Teilstücke der LPA-Strukturen werden für ein vereinfachtes Handling eingebettet, um anschließend die Draufsicht der Schnittebenen zu schleifen und zu polieren. Abschließend werden mit einen Lichtmikroskop digitale Aufnahmen der Schnittebenen erzeugt und digital vermessen.

Akustisches Monitoringkonzept für die zeit- und frequenzaufgelöste Signalanalyse

Im Zentrum der Prozessüberwachung steht ein Sensor, der die AE des LPA-Prozesses akquiriert. Die Sensorauswahl orientiert sich an den in Abschnitt 4.5.4 definierten Anforderungen. Es wird ein Richtmikrofon (Sennheiser MKE 600) eingesetzt, das über den Luftschall Frequenzen zwischen 40 Hz und 20 kHz mit einem Kondensator in eine elektrische Spannung umwandelt. Der Sensor ist kompakt und kostengünstig und lässt sich in eine LPA-Prozesskammer integrieren. Die Temperaturbeständigkeit ist bis 60 °C gegeben, ein Schutz vor metallischen Pulverpartikeln ist nicht gegeben und muss bei der Integration in die Prozesskammer berücksichtigt werden. Die Richtcharakteristik ist frequenzabhängig und wird durch eine Superniere beschrieben. Das korrespondierende Polardiagramm ist dem Anhang (A.5) beigefügt [141]. Durch die Richteigenschaften des Sensors werden bereits bei der Datenaufnahme störende Umgebungsgeräusche minimiert.

Das elektrische Sensorsignal wird mittels AD-Wandler (Typ: Behringer U-Phoria UMC202H) in ein digitales Signal umgewandelt. Der AD-Wandler wird über eine USB-Schnittstelle mit einer lokalen Recheneinheit verbunden, auf der eine Entwicklungsumgebung (Visual Studio Code) sowie Audioaufnahme- und Schnittprogramme (Audacity, Reaper) installiert sind. So ist einerseits die einfache Erzeugung des digitalen AE-Signals in Form von *.wav*-Dateien mittels vorinstallierter Programme möglich. Zusätzlich bietet die Entwicklungsumgebung die Möglichkeit, eigene *Python*-basierte Programme zu entwickeln und anzuwenden, die eine Datenanalyse der AE-Signale ermöglichen. Die .wav-Dateien werden über den AD-Wandler und die Software mit einer Abtastrate von 44.100 Hz und einer Bit-Tiefe von 32 Bit erzeugt. Der Versuchsaufbau ist in Abbildung 5.3 zusammengefasst.

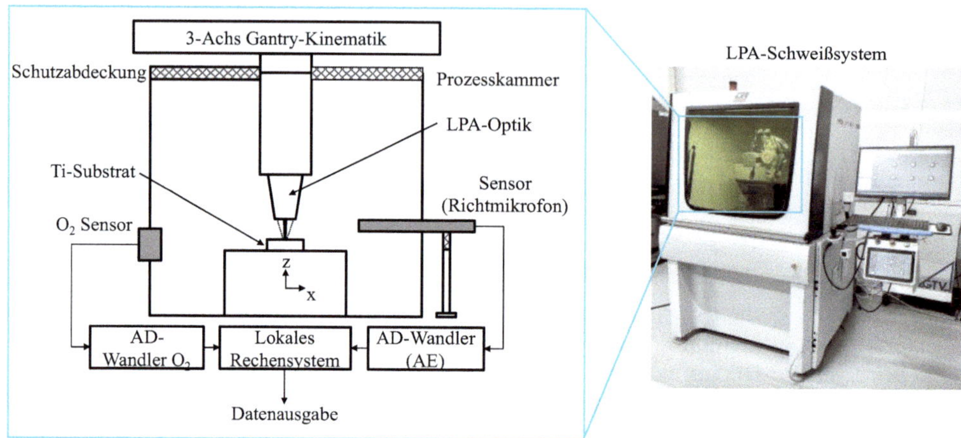

Abbildung 5.3:   Versuchsaufbau mit integrierter Sensorik zur Akquise von AE-Signalen während des LPA-Prozesses

Zum Schutz des Sensors vor dem LPA-Prozess (Spritzer, Metallpulver) wird bei der Integration ein Gummiüberzug angewendet. Nach Prüfung des akustischen Signals ergibt sich kein wesentlicher Einfluss durch die Anwendung des Gummiüberzugs.

5.1.2 Datenverarbeitung

Teile des folgenden Abschnittes wurden bereits veröffentlicht in [142].

Mit der eingesetzten Systemtechnik und dem in 5.1.1 beschriebenen Verfahren werden Datensätze im .wav Format erzeugt, die für die zeit- und frequenzaufgelöste Analyse weiterverarbeitet werden müssen.

<u>Zeitaufgelöste Signalanalyse</u>

Die zeitaufgelöste Darstellung der Rohsignale lässt sich in *Python* mit den Bibliotheken *Numpy*, *pywt* und *SciPy* umsetzen. Zusätzlich lässt sich das Rohsignal mit einem Bandpassfilter filtern. Abbildung 5.4 zeigt beispielhaft einen 1,5-sekündigen Ausschnitt einer .*wav*-Datei, die während des LPA-Prozesses aufgenommen wurden. Der Ausschnitt wurde gewählt, da in diesem ein transientes akustisches Ereignis manuell identifiziert werden konnte.

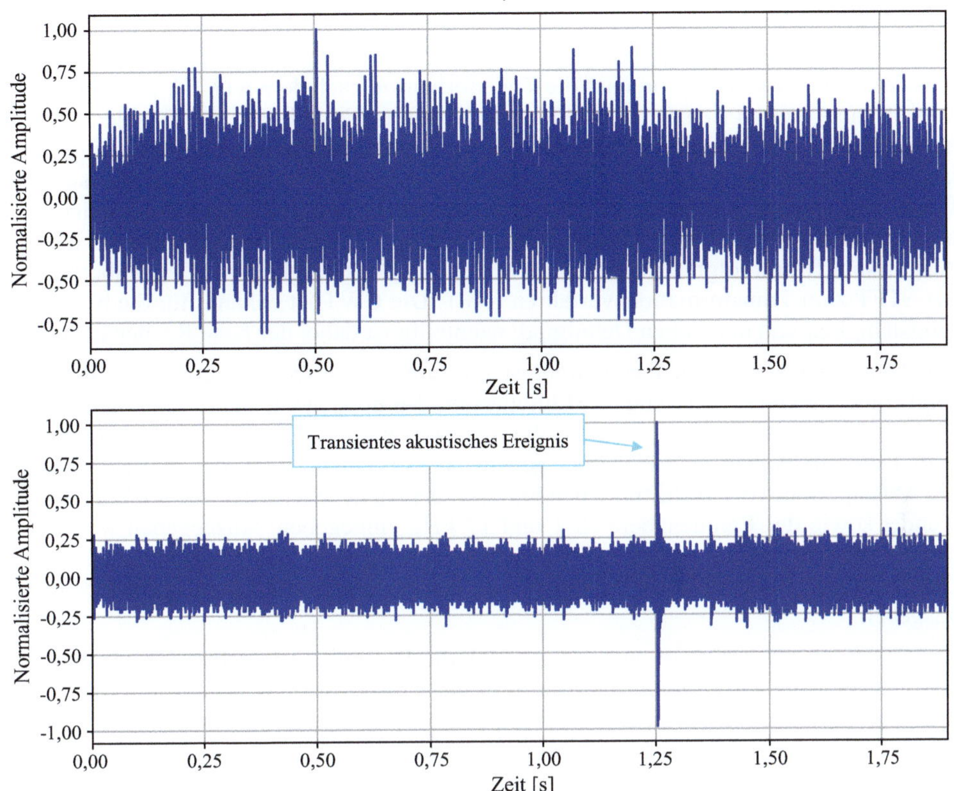

Abbildung 5.4:   Zeitaufgelöste Darstellung eines Ausschnittes aus dem akustischen Rohsignals des LPA-Prozesses. Das obere Diagramm zeigt das Rohsignal, das untere Diagramm zeigt das Signal nach Anwendung des Bandpassfilters (10 kHz < f < 16 kHz)

Die Zeitauflösung zeigt im ungefilterten Zustand ein stochastisches Signal, aus dem minimale und maximale Amplitudenbereiche ablesbar sind. Zwei Spitzen sind erkennbar, die ein transientes, akustisches Event widerspiegeln könnten. Durch die Filterung des Signals wird das Auftreten eines transienten AE-Ereignisses erkennbar, welches mit hoher Wahrscheinlichkeit mit der Defektbildung im LPA-Prozess korreliert. Die tatsächliche Korrelation zur Defektbildung wird in Abschnitt 5.1.3 untersucht. Die Darstellung des Rohsignals und des gefilterten Signals demonstriert die einfache Umsetzbarkeit der zeitaufgelöste Signaluntersuchung. Als Filter wird ein Bandpassfilter (Typ: Butter, Grad: 2) mit einer unteren Grenzfrequenz von 10 kHz und einer oberen Grenzfrequenz von 16 kHz verwendet. Die Filterfunktionen sind über die *Python*-Bibliothek *SciPy* abrufbar. Der angewendete Filter hat sich für die beginnende Analyse als wirksam herausgestellt.

<u>Frequenzaufgelöste Signalanalyse</u>

Die frequenzaufgelöste Darstellung und Analyse der AE-Signale erfordert die Transformation des zeitaufgelösten Signals in den Frequenzraum. Die Transformation ist notwendig, um für Defekte charakteristische Frequenzbereiche zu definieren. Hierdurch lässt sich in der nachgelagerten Datenverarbeiten die Einstellung der Filter präzisieren, was insbesondere für eine effiziente In-Prozess Datenanalyse notwendig ist. Zudem ist davon auszugehen, dass die Ortsauflösung der AE ebenfalls effiziente Filtermethoden erfordert.

Aus der Literatur geht hervor, dass die Transformation nach dem STFT-Verfahren besonders effizient ist und sich für Echtzeitanwendungen eignet. Ebenso geht aus der Literatur hervor, dass die STFT nicht für die Analyse von transienten akustischen Events geeignet ist. Dies geht aus dem Zeit-Frequenz-Kompromiss des Verfahrens hervor. So sinkt die frequenzorientierte Auflösung bei steigender Zeitauflösung und umgekehrt. Genau diese transienten akustischen Events sind jedoch zentraler Untersuchungsgegenstand der AE. Aus diesem Grund folgt die Untersuchung der Eignungsfähigkeit mit Gegenüberstellung der STFT zum Transformationsverfahren CWT. Die CWT ist bekannt für die hohe Leistungsfähigkeit und den hohen Detailgrad; nachteilig ist dabei der hohe Rechenaufwand.

Die Transformation aus dem zeitaufgelösten Raum in den frequenzaufgelösten Raum erfolgt mittels *Python* (verwendete Bibliotheken: Numpy, pywt, SciPy, PyWavelets, Seaborn). Als Eingabegrößen für die CWT (py.cwt) wird neben dem Datenarray aus der *.wav*-Datei die Anzahl und Höhe der gewünschten Frequenzlevel, der Wavelet-Typ und die Abtastperiode (= 1/Abtastrate) benötigt. Für die Analyse wird das *Morlet*-Wavelet verwendet sowie der Frequenzbereich 1 und 17 kHz eingegeben. Ausgegeben werden die Wavelet-Koeffizienten (spätere Frequenzintensität) sowie die Frequenzanteile. Über Quadratur der Ausgabedaten lässt sich das Spektrogramm als Leistungsspektrogramm ausgeben.

Die STFT (sg.stft) erfordert analog zur CWT die Definition eines Betrachtungsfensters. Als Fenster wird das *Hanning*-Fenster mit einer Größe von 256 Samples definiert. Die STFT gibt die Frequenzanteile, die zeitliche Auflösung sowie die Fourier-Koeffizienten (spätere Intensität) aus. Das Leistungsspektrogramm lässt sich erneut über die Quadratur des Ergebnis-Arrays erzeugen.

<u>Analyse der STFT mit Gegenüberstellung zur CWT</u>

Zur Gegenüberstellung der beiden Transformationsansätze werden zwei exemplarische Signale (Signal 1 und 2) aus den in Abschnitt 5.1.1 beschriebenen Versuchsphase analysiert (vgl. Abbildung 5.4). Es werden manuell Signalausschnitte bereitgestellt, die eindeutig hörbare transiente, akustische Ereignisse wiedergeben. Die Datensätze werden in *.wav*-Form an die Transformationsansätze übergeben. Bei der Transformation wird das AE-Signal mittels STFT und CWT in seine Frequenzbestandteile zerlegt und in einem Frequenz-Spektrogramm dargestellt. Die auftretenden Frequenzen (f in Hz) werden über die Zeitachse (t in s) mit dem entsprechenden Leistungspegel (Intensität I in V^2) für jeden Datenpunkt dargestellt.

Die Darstellung der Spektrogramme lässt eine visuelle Gegenüberstellung und Evaluierung der Transformationsansätze zu. Dabei werden fokussierte die transienten Ereignisse im Signal analysiert. Zusätzlich ist eine Gegenüberstellung mit Hilfe von quantifizierten Kennwerten sinnvoll. Zur Quantifizierung der transienten Ereignisse werden alle Datenpunkte oberhalb eines Schwellwertes $I_{schwell}$ gezählt. $I_{schwell}$ orientiert sich an der maximal vorliegenden Intensität I_{max} der Datenpunkte:

$$I_{schwell} = 0{,}8 \cdot I_{max} \tag{5.1}$$

Nach der Definition von $I_{schwell}$ werden alle Datenpunkte oberhalb von $I_{schwell}$ gezählt: $n_{schwell}$. Weiterhin lassen sich die identifizierten Datenpunkte zeitaufgelöst gruppieren. Durch die Gruppierung lässt sich eine Anzahl der identifizierten transienten Ereignisse n_{trans} herleiten. Zur Analyse der Frequenzauflösung wird der Frequenzbereich jedes transienten Ereignisses f_{trans} in Hz bestimmt. Zur Einordnung des Rechenaufwandes wird die Dauer der Spektrogramm-Berechnung t_{Spek} dokumentiert. Zusätzlich wird die Anzahl der gesamten Datenpunkte n_{sum} notiert.

Die Anwendung der Transformationsansätze auf Signal 1 und 2 und somit die zeit- und frequenzaufgelöste Darstellung der Signale ist in Abbildung 5.5 dargestellt.

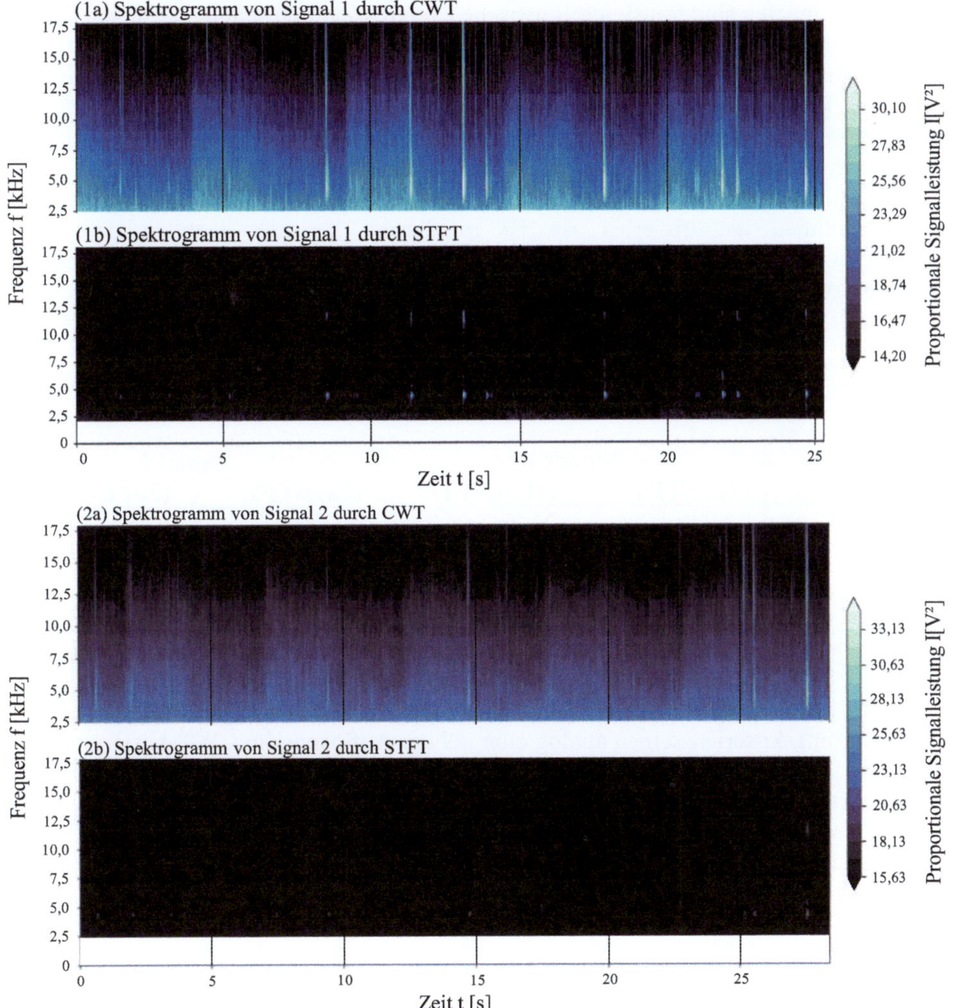

Abbildung 5.5:   Zeit- und Frequenzaufgelöste Darstellung der Signale 1 und 2 durch Transformation mittels CWT (a) und STFT (b)

Für beide Signale können die Frequenzen mit den dazugehörigen Intensitäten unter Verwendung der CWT und der STFT berechnet werden. Aufgrund des hohen Rechenaufwands für Frequenzen unterhalb von 2.500 Hz und oberhalb von 18.000 Hz ist der Darstellungsraum auf Frequenzen zwischen 2.500 bis 18.000 Hz limitiert. Der Detailgrad des Frequenzraums ist bei den durch die CWT entwickelten Spektrogramme deutlich höher als bei den STFT-Spektrogrammen. Dies wird durch den größeren Bereich der auftretenden Frequenzen in den Spektrogrammen veranschaulicht. Insbesondere das auf CWT-basierende Spektrogramm von Signal 2 zeigt deutlich mehr Blau, Türkis und helles Grün (entspricht Frequenzintensitäten zwischen 21 und 30 V^2) im Vergleich STFT-basierten Spektrogramm, bei dem die Frequenzintensitäten überwiegend mit Schwarz dargestellt werden. Dies entspricht dem unteren Ende der Frequenzintensität von ca. 17 V^2.

Bei beiden Signalen sind transiente akustische Ereignisse durch sichtbare Spitzen und vertikale Linien im Spektrogramm erkennbar. Orientiert man sich an $I_{schwell}$, lassen sich bei beiden Signalen acht transiente Ereignisse für Signal 1 identifizieren. Es ist anzunehmen, dass diese Ereignisse AE aus kritischen Defektbildungen beschreiben. Die CWT zeigt diese Ereignisse bei etwa 8 s, 11,2 s, 13 s, 14 s, 17,8 s, 22 s, 22,5 s und 24,7 s im Frequenzbereich zwischen 3.000 und 18.000 Hz. Im STFT-Spektrogramm sind an den gleichen Zeitpunkten ebenfalls Spitzen erkennbar. Jedes transiente Ereignis, das in CWT-Spektrogrammen identifizierbar ist, ist in diesem Versuch auch in den STFT-Spektrogrammen sichtbar. Der visuelle Vergleich wird gestützt durch den Vergleich der quantifizierbaren Kennwerte, welche in Tabelle 5.2 zusammengefasst sind.

Tabelle 5.2: Zusammenfassung der quantitativen Gegenüberstellung der Transformationsansätze STFT und CWT für Signal 1 und Signal 2

Bewertungs-kriterien	Signal 1		Signal 2	
	(1a) STFT	(1b) CWT	(2a) STFT	(2b) CWT
$I_{schwell}$ [~V^2]	20,24	23,74	19,35	27,51
$n_{schwell}$ [ ]	137	69.563	64	1.094
n_{trans} [ ]	8	8	8	8
n_{sum} [ ]	383.680	7.811.846	430.848	8.772.050
f_{trans} [Hz]	4.130…11.890	2.500…17.500	4.130…15.160	2.500…17.500
t_{Spek} [s]	14	163	19	187

Die Bewertungskriterien zeigen analog eine höhere Auflösung im CWT-basierten Spektrogramm. Signal (1b) liefert insgesamt 7.811.846 Datenpunkte während in (1a) 383.680 Datenpunkte berechnet werden. Die CWT erzeugt also ca. 20x mehr Datenpunkte als die STFT. Ein vergleichbares Bild ist für das zweite Signal erkennbar. Die höhere Datendichte führt bei beiden Experimenten zu einem höheren Rechenaufwand: Mit STFT werden 14 (1a) und 19 s (2a) benötigt, mit CWT 163 (1b) und 187 s (2b). Mit CWT können transiente Ereignisse mit n_{thres} von 69.563 (1b) und 1.094 (2b) detaillierter beschrieben werden, was zu ca. 0,890 % (1b) und 0,012 % (2b) transienten Datenpunkten pro n_{sum} führt. STFT erzielt n_{thres} von 137 (1a) und 64 (2a), also 0,036 % (1a) und 0,015 % (2a) transiente Datenpunkte je n_{sum} ergibt. Die Erhebung der relativen Treffer von transienten Datenpunkten zu allen Datenpunkten beschreibt eine vergleichbare Wahrscheinlichkeit in beiden Transformationsansätzen, um transiente Ereignisse zu identifizieren. Die vergleichbare

Erkennbarkeit von transienten AE-Ereignissen wird zusätzlich durch die Anzahl der identifizierten, gruppierten Ereignisse n_{trans} gestützt.

Das identifizierte Frequenzband wird durch den CWT-Ansatz als sehr breit beschrieben. Die Spitzen befinden sich durchgängig zwischen ca. 2.500 und 17.500 Hz. Die Auflösung im SFTF-Ansatz ist höher: es sind zwei Spitzen je Ereignis erkennbar: eines bei etwa 4 kHz und zum gleichen Zeitpunkt zwischen 10 und 12,5 kHz.

Die Analyse der CWT und STFT mit AE-Signalen 1 und 2 zeigt, dass beide Methoden transiente Ereignisse erkennen. Die CWT bietet im Vergleich zur STFT eine höhere zeitliche Auflösung und identifiziert einen breiteren Frequenzbereich. Die Einschränkungen der CWT-Frequenzauflösung sind auf begrenzte Rechenleistung und die Verschlechterung der Frequenzauflösung bei hohen Frequenzen zurückzuführen.

Es wird angenommen, dass transiente Ereignisse in den AE des LPA-Prozesses mit der kritischen Defektbildung zusammenhängen. Die zeitaufgelöste Analyse von im Prozess aufgenommen Signalen kann schnell und während des Prozesses mit konventionellen Signalverarbeitungsfunktionen analysiert werden. Diese Funktionen sind in *Python*-Bibliotheken verfügbar und daher in automatisierbaren Skripten einsetzbar. Die frequenzaufgelöste Analyse der Signale erfordert eine Transformation der Signale, bei der die Signale in ihre Frequenzbestandteile zerteilt werden. Hierdurch werden die Frequenzbestandteile der Signale identifiziert, die charakteristisch für transiente Ereignisse und wahrscheinlich bei der Defektbildung entstehen. Bei den untersuchten Signalen sind Spitzen im Bereich von 4 kHz und 10 bis 12,5 kHz erkennbar. Da niederfrequenten Bereich grundsätzlich höhere Störfrequenzen auftreten, ist eine fortführende Einstellung der Bandpassfilter um 12 kHz sinnvoll.

Die Gegenüberstellung der beiden Transformationsansätze STFT und CWT zeigt, dass die STFT effizienter arbeitet und alle relevanten transienten Ereignisse identifizieren kann. Aus diesem Grund wird als Transformationsansatz für ein LPA In-Prozess Monitoringsystem der Einsatz von der STFT empfohlen.

5.1.3 Defektkorrelation

Teile des folgenden Abschnittes wurden bereits veröffentlicht in [143].

Aus den vorherigen Untersuchungen ist bekannt, dass kritische Defekte beim LPA-Prozess unter den gegebenen Voraussetzungen entstehen. Hierzu zählt insb. die Rissbildung, welche zur Delamination der aufgetragenen Struktur führt. Die Defektbildung bei den LPA-Versuchen ist in Abschnitt 4.5.2 beschrieben. Ebenso bekannt ist die Entstehung von Anomalie-behafteten AE während des LPA-Prozesses. Der Fokus liegt in der akustischen Signatur auf der Analyse von transienten Ereignissen. Abbildung 5.4 zeigt beispielhaft ein solches akustisches Signal, bei dem nach der Filterung eine eindeutige Spitze erkennbar ist. Für ein In-Prozess Monitoringsystem besteht das Ziel, kritische Defekte frühzeitig (während des LPA-Prozesses) zu erkennen. Hierfür muss eine Korrelation zwischen den identifizierbaren Anomalien im akustischen Signal (transientes Ereignis) und im Defektbild der LPA-Strukturen untersucht werden. Daher müssen zunächst objektive, quantifizierbare Kennwerte definiert werden, die die beiden Größen ‚Defektbild' und ein ‚transientes Ereignis' beschreiben.

Kennwerte zur Beschreibung von transienten Ereignissen

Wie zuvor beschrieben, lassen sich diese Ereignisse nach der Filterung mittels Bandpassfilter über der Einführung von Schwellwerten und der Zählung von Datenpunkten oberhalb der Schwellwerte darstellen (vgl. Abschnitt 5.1.2). Nach der Frequenzuntersuchung empfiehlt sich die Einstellung der Bandpassfilter auf eine untere Grenzfrequenz von 10 kHz und eine obere Grenzfrequenz von 14 kHz (die in Abschnitt 5.1.2 identifizierte Frequenzspitze bei transienten Ereignissen liegt bei ca. 12 kHz). Zur Quantifizierung werden für die Signale Schwellwerte definiert, die eine Grenze an markanten Signalintensitäten auslösen und sich an der maximal auftretenden Intensität orientieren. Zur Differenzierung zwischen starken transienten Ereignissen und weniger starken transienten Ereignissen werden die folgenden Schwellwerte definiert:

$$I_{trans,s} = 0{,}25 \cdot I_{max} \tag{5.2}$$

$$I_{trans,l} = 0{,}1 \cdot I_{max} \tag{5.3}$$

Auf Basis der Schwellwerte $I_{trans,s}$ und $I_{trans,l}$ kann die Anzahl der Datenpunkte oberhalb der Schwellwerte ($n_{trans,s}$ und $n_{trans,l}$) erhoben werden. Zusätzlich soll die Zeitdimension berücksichtigt werden. Daher wird die Zeit bis zum auftretenden des ersten Datenpunktes eines starken transienten Ereignisses ($t_{trans,s}$) berechnet. Die Umsetzung erfolgt in *Python* unter Verwendung der Bibliotheken (ScyPi, NumPy). Die Erhebung der Ergebnisse ist somit automatisierbar.

Kennwerte zur Quantifizierung der Defektformation

Die kritischen Defektbilder sind charakterisiert durch Risse und resultierender Delamination der LPA-Strukturen. Sobald ein aufgetragenes LPA-Dichtelement delaminiert, ist die Dichtfunktion des Elementes definitiv nicht mehr gegeben. Aus diesem Grund orientiert sich die Quantifizierung am *Delaminationsgrad* der LPA-Strukturen. Einfach messbar ist der Spalt, der bei der Delamination der LPA-Strukturen entsteht. Der Delaminationsgrad wird für die Analyse definiert durch die durchschnittliche Spaltgröße, die erkennbar bei der Draufsicht auf die x-z-Ebene wird. Die Erhebung des Delaminationsgrades wird mit einer beispielhaften delaminierten LPA-Struktur in Abbildung 5.6 skizziert. Der Delaminationsgrad ist ein Kennwert zur Einordnung des Ausprägungsgrades der Delamination. Dies ist als wünschenswerte Anforderung für das Monitoringsystem definiert (vgl. Kapitel 4.5.4)

Abbildung 5.6: Erhebung des Delaminationsgrades durch Messung der minimalen und maximalen Spalthöhe (z_{min}, z_{max}) in der Draufsicht auf die Stirnseite (x-z-Ebene) der delaminierten LPA-Strukturen

Das durchschnittliche Spaltmaß wird approximiert durch die Berechnung des Mittelwertes aus z_{min} und z_{max} und in mm ausgegeben:

$$z_{spalt} = \frac{z_{min} + z_{max}}{2} \tag{5.4}$$

Datenerhebung aus der LPA-Versuchsreihe

Es wurden 10 LPA-Strukturen nach dem in 5.1.1 skizzierten Versuchsablauf hergestellt. Mittels optischer Untersuchung der Probekörper werden die LPA-Strukturen analysiert und die Spaltmaßen z_{min} und z_{max} erhoben. Die Dokumentation der optischen Untersuchung sowie die Darstellung der Probekörper sind im Anhang (A.6) dargestellt. Entsprechend der Erwartung sind alle LPA-Strukturen delaminiert, erkennbar durch ein eindeutiges Spaltmaß. Die Proben 3a, 2a und 4b weisen keine bis geringe Oxidationssignaturen auf. Die Proben 1a, 1b, 3b, 4a und 5b zeigen mittlere Oxidationssignaturen, während Probe 5a durch starke Oxidationssignaturen gekennzeichnet ist. Es wird davon ausgegangen, dass die starke Oxidation mit der LPA-Parametervariation zusammenhängt. In den oberen Zeilen der Tabelle 5.3 sind alle Spaltmaßergebnisse zusammengefasst. Die unteren Zeilen fassen die quantifizierten Kennwerte zur Bewertung der akustischen Signatur zusammen.

Tabelle 5.3:   Gemessene Spaltmaße und quantifizierte akustische Kennwerte zur Bestimmung der Korrelation zwischen akustischer Signatur und Delaminationsgrades für 10 LPA-Probekörper 1a bis 5b

Probe-körper	1a	1b	2a	2b	3a	3b	4a	4b	5a	5b
z_{min} [mm]	0	0,3	0	0,3	0,01	0,24	0,25	0,03	0,36	0,24
z_{max} [mm]	0,37	0,62	0,50	0,78	0,32	0,49	0,75	0,55	0,61	0,39
z_{spalt} [mm]	0,19	0,36	0,25	0,54	0,17	0,37	0,50	0,29	0,49	0,32
$n_{schwell,l}$ [ ]	691	2381	993	2226	2000	1013	2272	2433	4566	1943
$n_{schwell,s}$ [ ]	315	629	275	619	763	262	598	506	771	387
$t_{schwell,s}$ [s]	152	123	143	85	143	132	123	126	127	133

In Abbildung 5.7 ist beispielhaft das gefilterte Signal aus Versuch 3b dargestellt. Ein zusätzlicher Plot zeigt alle Datenpunkte über den definierten Schwellwerten $I_{trans,s}$ und $I_{trans,l}$. Ebenso ist der erste Datenpunkt über dem Schwellwert $I_{trans,s}$ markiert.

Es wird angenommen, dass ein Zusammenhang zwischen dem Delaminationsgrad (z_{spalt}) und $n_{schwell,l}$, $n_{schwell,s}$ und $t_{schwell,s}$ besteht:

-    Je höher die Anzahl der identifizierten Datenpunkte im AE-Signal $n_{schwell,l}$ oberhalb des Intensitätsschwellwertes $I_{schwell,l}$, desto höher ist der Delaminationsgrad z_{spalt}.
-    Je höher die Anzahl der identifizierten Datenpunkte im AE-Signal $n_{schwell,s}$ oberhalb des Intensitätsschwellwertes $I_{schwell,s}$, desto höher ist der Delaminationsgrad z_{spalt}.
-    Je kürzer die Zeit bis zum ersten Datenpunkt $t_{schwell,s}$ oberhalb des Intensitätsschwellwertes $I_{schwell,s}$, desto höher ist der Delaminationsgrad z_{spalt}.

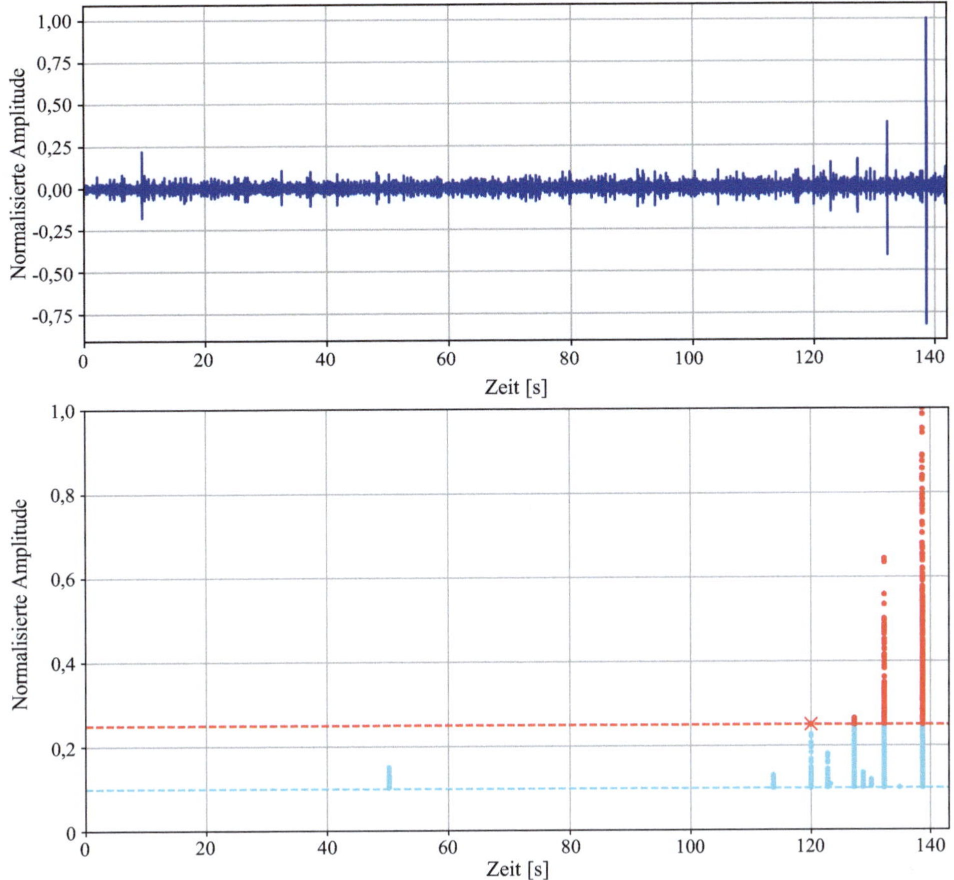

Abbildung 5.7: Darstellung des gefilterten Signals aus Versuch 3b und Markierung der Datenpunkte $n_{schwell,l}$ und $n_{schwell,s}$ über den Schwellwerten $I_{schwell,l}$ und $I_{schwell,s}$

Die erhobenen Kennwerte zeigen, dass der höchste Delaminationsgrad bei Probe 2b und Probe 5a messbar ist. Bei beiden Versuchen lässt sich eine niedrige Zeit $t_{schwell,s}$ und eine vergleichsweise hohe Anzahl an Datenpunkten über den Schwellwerten identifizieren. Ein niedriger Delaminationsgrad ist bei den Proben 1a und 3a erkennbar. Auch hier stimmen die quantifizierten Kennwerte überein mit dem angenommenen Zusammenhang überein. Die detaillierte Untersuchung des Zusammenhangs zwischen Delaminationsgrad und den AE-Kennwerten folgt im nächsten Unterabschnitt.

Auffallend in der akustischen Signatur ist, dass in der Versuchsphase teilweise direkt zum Anfang einer LPA-Struktur bereits starke transiente Ereignisse auftreten, zum Teil vor Beginn des Schweißprozesses. Diese akustischen Events sind als starke, transiente Ereignisse im Plot erkennbar. Es ist anzunehmen, dass die AE in der Abkühlphase der zuvor generierten LPA-Struktur entstehen und entsprechend der Struktur zuzuordnen sind. Daher werden jene AE nicht in der Analyse der akustischen Signatur berücksichtigt. Mittels längerer Pausen zwischen den Versuchen ließe sich die Überschneidung umgehen.

Zusätzlich unterstreicht das verzögerte Verhalten die Notwendigkeit einer Ortsinformation der AE.

Korrelation zwischen Delaminationsgrad z_{spalt} und AE-Signal durch $n_{trans,s}$, $n_{trans,l}$ und $t_{trans,s}$

Die Korrelationsanalyse basiert auf der grafischen Gegenüberstellung der erhobenen Kennwerte $n_{trans,s}$, $n_{trans,l}$ und $t_{trans,s}$ zum Delaminationsgrad z_{spalt}. Die erhobenen Datenpunkte werden im Diagramm aufgetragen, zusätzlich werden lineare Trendlinien hinzugefügt. Zur linearen Regression lassen sich in *Excel* die Funktion der linearen Regression sowie das Bestimmtheitsmaß R^2 ausgeben. Die Wurzel aus R^2 ergibt den Korrelationskoeffizienten R. Die Ergebnisse sind in Abbildung 5.8 dargestellt.

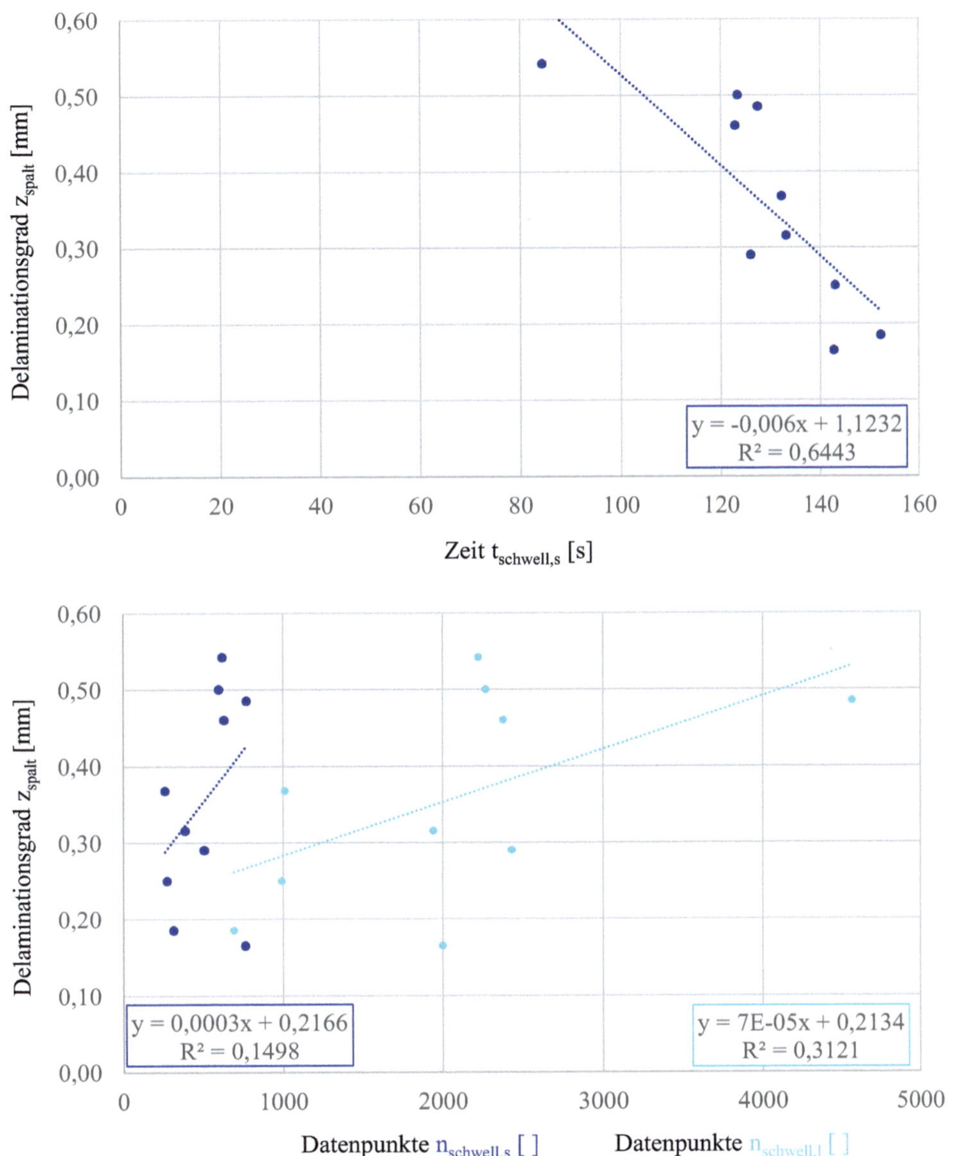

Abbildung 5.8:　Korrelationsanalyse mittels lineare Regression zwischen Delaminationsgrad z_{spalt} und Zeit $t_{schwell,s}$ (oben) sowie zwischen Delaminationsgrad z_{spalt} und Datenpunkten $n_{schwell,s}$ und $n_{schwell,l}$ (unten)

Die lineare Trendlinien und Bestimmtheitsmaße zur Beschreibung des Delaminationsgrades z_{spalt} werden beschrieben durch:

$$f(t_{schwell,s}) = -0{,}006\,t_{schwell,s} + 1{,}1232 \mid R^2 = 0{,}644 \qquad (5.5)$$

$$f\left(n_{schwell,l}\right) = 7 \cdot 10^{-5}\, n_{schwell,l} + 0{,}2134 \mid R^2 = 0{,}312 \tag{5.6}$$

$$f\left(n_{schwell,s}\right) = 0{,}0003\, n_{schwell,s} + 0{,}1498 \mid R^2 = 0{,}150 \tag{5.7}$$

Der Kennwert $t_{schwell,s}$ korreliert negativ linear mit z_{spalt}, während $n_{aschwell,l}$ und $n_{schwell,l}$ eine positive lineare Korrelation zu z_{spalt} aufweisen. Die zuvor getroffenen Annahmen sind damit bestätigt. Es fällt auf, dass $n_{schwell,l}$ und $n_{schwell,s}$ Ausreißerwerte aufweisen. z_{spalt} über $t_{schwell,s}$ weist keine großen Ausreißer auf. Dies spiegelt sich ebenfalls im Bestimmtheitsmaß wider: der negativ, lineare Zusammenhang zwischen $t_{schwell,s}$ und z_{spalt} wird mit einer Bestimmtheit von $R^2 = 0{,}644$ beschrieben, dies entspricht einem Korrelationskoeffizienten von $R = 0{,}8$. Von allen untersuchten AE-Kennwerte besteht zwischen $t_{schwell,s}$ und z_{spalt} somit der größte lineare Zusammenhang. Mit einer Korrelation von 80 % wird der lineare Zusammenhang mit einer sehr starken Korrelation eingeordnet. Die Anzahl der Datenpunkte oberhalb der Schwellwerte korreliert dagegen nur schwach ($R_{schwell,s} = 0{,}39$) bzw. mittel ($R_{schwell,l} = 0{,}56$) mit dem Delaminationsgrad.

Die Korrelationsanalyse zeigt eine sehr starke Korrelation zwischen der Zeit bis zum Auftreten des ersten Datenpunktes oberhalb der höheren Schwellwertes $I_{schwell,s}$ und dem Delaminationsgrad z_{spalt}. Auf Basis der AE können daher Rückschlüsse auf das Delaminationsverhalten gezogen werden. Je kürzer die Zeit zum ersten starken AE-Event, desto stärker delaminiert die LPA-Struktur. Wegen der starken Korrelation ist gleichzeitig davon auszugehen, dass beim grundsätzlichen Auftreten eines starken transienten Ereignisses, eine Delamination entsteht, auch wenn sie äußerlich noch nicht erkennbar ist. Die eindeutige Identifikation von kritischen Delaminationsdefekten und Klassifizierung dieser Defekte ist somit gegeben. Auf Basis der Ergebnisse wird die Entwicklung eines In-Prozess Monitoringsystems als sinnvoll erachtet.

Korrelation von akustischen Emissionen zur intrastrukturellen Rissbildung

Die zuvor durchgeführte Korrelationsanalyse umfasst die Betrachtung von Defekten in Form von Rissen, die zur Delamination der LPA-Struktur führen. Die Identifikation von intrastrukturellen Rissen, also Risse, die im inneren der LPA-Struktur und außerhalb der Grenzschicht auftreten, sind nach Anforderungsdefinition als wünschenswert eingestuft. Im Rahmen der Defektcharakterisierung konnte diese Art von Rissen jedoch nicht festgestellt werden (vgl. Abbildung 4.10). Um dennoch die Nutzbarkeit des Monitoringkonzeptes hinsichtlich dieser Risse zu untersuchen, werden Ergebnisse einer parallelen Versuchsreihe herangezogen. Bei dieser Versuchsreihe handelt es sich um den Auftrag von 316L+SiC-Strukturen auf 316L-Substratmaterial. Hierbei entstehen eindeutig intrastrukturelle Risse, Abbildung 5.9 zeigt beispielhaft eine Mikroskopaufnahme mit zwei Schnittansichten. Die gebildeten Risse werden in weißer Farbe dargestellt. Die dazugehörige akustische Signatur nach dem entwickelten Analyseverfahren ist in Abbildung 5.10 dargestellt.

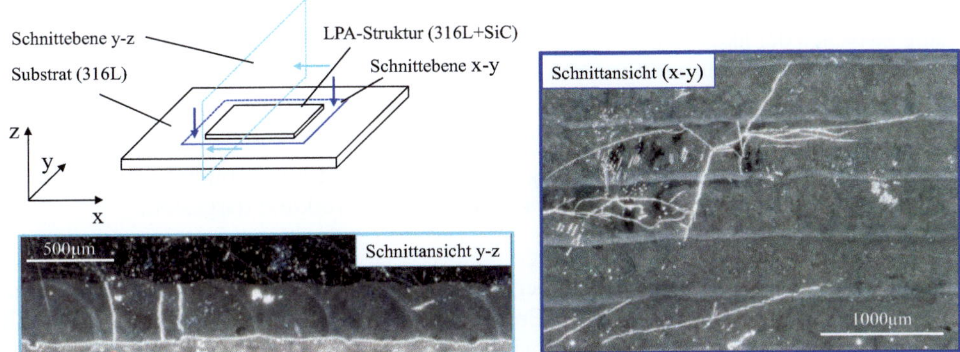

Abbildung 5.9: Rissbildung ohne Delamination der LPA-Struktur bei einer parallelen Versuchsphase mit 316L+SiC LPA-Strukturen auf 316L-Substratmaterial

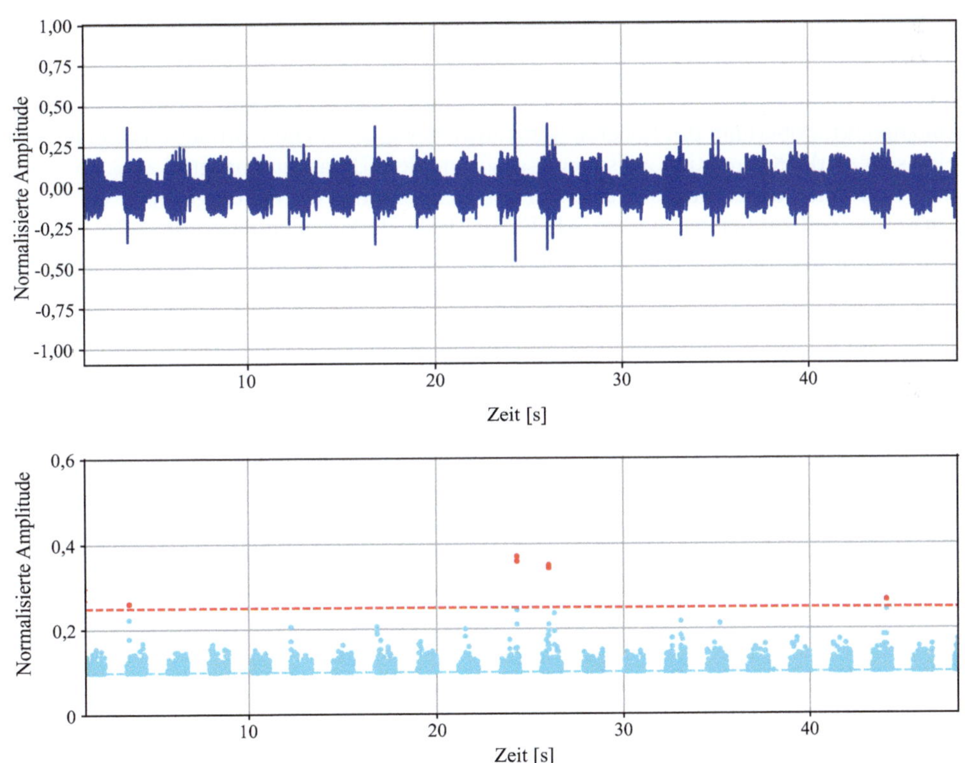

Abbildung 5.10: Darstellung des gefilterten Signals aus den Parallelversuchen mit 316L+SiC mit Markierung der Datenpunkte $n_{schwell,l}$ und $n_{schwell,s}$ über den Schwellwerten $I_{schwell,l}$ und $I_{schwell,s}$

Trotz der Signalfilterung sind deutlich mehr Nebengeräusche erkennbar. Einzelne Datenpunkte oberhalb der Schwellwerte sind identifizierbar, jedoch bildet sich kein Muster ab.

Nach detaillierter Analyse der Versuchsreihe lässt sich feststellen, dass kein Zusammenhang zwischen der akustischen Signatur und der Mikrorissbildung besteht. Konkludierend ist das vorgestellte Monitoringsystem und -verfahren nicht zur Identifikation von feinen, intrastrukturellen Heißrissen geeignet. Es lässt sich nur einsetzen, um die kritische Defektbildung zu identifizieren, die zur Delamination der Proben führt.

Wegen des fehlenden Zusammenhangs zwischen der Mikrorissbildung innerhalb der Strukturen und den AE, sind die Analyseergebnisse nur verkürzt dargestellt.

Es konnte bewiesen werden, dass bei der Entstehung von kritischen Defekten (Delamination der LPA-Struktur) transiente AE-Ereignisse entstehen, die sich mit einem luftschallbasierten Sensor (Richtmikrofon) aufnehmen und analysieren lassen. Die entstehenden AE sind durch eine transiente Charakteristik beschreibbar, insb. durch die Frequenz im Bereich um 12 kHz. Bei der Analyse der AE ist daher die Anwendung eines Bandpassfilters sinnvoll; ein Filter mit einer unteren Grenzfrequenz von 10 kHz und einer oberen Grenzfrequenz von 14 kHz hat sich als günstig erwiesen. Die kritische Defektbildung lässt sich über den Delaminationsgrad (z_{spalt}) beschreiben, der das mittlere Spaltmaß zwischen Substrat und delaminierter LPA-Struktur misst. Die charakteristische akustische Signatur der AE lässt sich über 3 Kennwerte quantifizieren, die Anzahl der Datenpunkte oberhalb von zwei Schwellwerten ($I_{schwell,s}$ und $I_{schwell,l}$) sowie die Zeit bis zum Auftreten des ersten Datenpunktes oberhalb des höheren Schwellwertes $t_{schwell,s}$. Die Korrelationsanalyse zeigt eine sehr starke Korrelation zwischen $t_{schwell,s}$ und dem Delaminationsgrad z_{spalt}. Auf Basis der AE können daher Rückschlüsse auf das Delaminationsverhalten gezogen werden. Je kürzer die Zeit zum ersten starken AE-Event, desto stärker delaminiert die LPA-Struktur. Beim Auftreten eines starken transienten akustischen Ereignisses kann daher auch von einer Delamination der LPA-Struktur ausgegangen werden. Die zuverlässige Identifikation von intrastrukturellen Rissen kann nicht gezeigt werden.

5.2 Teilsystem II: Ortsauflösung akustischer Emissionen

Die Untersuchung der AE zeigt die Relevanz von akustischen Ereignissen während des LPA-Prozesses. Die Lokalisierung dieser Ereignisse ist zur Bewertung der hergestellten Bauteile essentiell. Im nachfolgenden Unterkapitel wird ein Konzept zur Lokalisierung dieser Ereignisse entwickelt. Hierfür werden zunächst aus der Literatur bekannte Lokalisierungsmethoden bewertet. Auf Basis der Bewertung wird eine eigene Methode entwickelt und umgesetzt.

5.2.1 Bewertung von Lokalisierungsmethoden

Die Lokalisierung von akustischen Ereignissen im Raum ist in der Forschung bekannt, insbesondere im Bauingenieurwesen, in der Strukturanalyse und in der Telekommunikation. Vereinzelt sind Ansätze aus dem Fertigungskontext und aus dem AM bekannt. Welche Lokalisierungsmethode für die vorliegende Monitoringaufgabe am besten geeignet ist, ist unklar. Daher wird in diesem Kapitel eine Auswahl an Lokalisierungsmethoden hinsichtlich ihrer Einsetzbarkeit in der vorliegenden Lokalisierungsaufgabe bewertet. Die Bewertung basiert auf einer qualitativen Einordnung hinsichtlich der Anforderungsdefinition, die hinsichtlich Lokalisierung nachfolgend zusammengefasst wird. Das Lokalisierungsverfahren muss

- bei <u>Nahfeld-Monitoringaufgaben</u> einsatzbar sein,
- gute Ergebnisse bei der Verarbeitung <u>von luftschallbasierten Signalen (bis 20 kHz)</u> ermöglichen,
- eine <u>vollständige 2D-Lokalisierung mit einer max.</u> Abweichung von 50 mm berechnen,
- Echtzeitfähig sein, also einen <u>möglichst geringen Rechenaufwand benötigen</u> und
- <u>robust sein,</u> um in harschen Umgebungsbedingungen, wie in der LPA-Prozessumgebung, zuverlässige Ergebnisse berechnen zu können.

Auf Basis der Anforderungskriterien und dem Kenntnisstand des zuvor beschriebenen Stands der Wissenschaft und Technik (vgl. 2.5.3) folgt die qualitative Bewertung der Lokalisierungsmethoden. Die Ergebnisse sind in Tabelle 5.4 zusammengefasst.

Tabelle 5.4:   Qualitative Einordnung der bekannten Lokalisierungsansätze hinsichtlich der Anforderungen aus der vorliegenden Lokalisierungsaufgabe

Verfahren	Anforderungserfüllung				
	Erreichbare Genauigkeit in 2D	Rechenaufwand	Robustheit	Nahfeldmonitoring	Weitere Einschränkungen
Single Sensor Ansatz					
Modal Acoustic Emission (MAE)	mittel	sehr hoch	gering	ja	-
Laufzeitmessverfahren					
Time of Arrival (TOA), Trilateration	hoch	gering	hoch	ja	Synchronisation von Sender und Empfänger ist notwendig
Time Difference of Arrival (TDOA), Hyperbelverfahren	hoch	gering	hoch	ja	Synchronisation von Empfängern ist notwendig; Sender dürfen nicht auf einer Linie angeordnet sein
Energiebasierte Verfahren					
Inter-Microphone Intensity Difference (IMID)	gering	hoch	hoch	eher ungeeignet	Aufwendige Installation für vollständige 2D-Lokalisierung
Amplitudenvergleich	hoch	gering	hoch	ja	Identische Amplitudenantwort der Sensoren ist erforderlich

Steered Response Power (SRP)	hoch	hoch	hoch	ja	Erfordert hohe GPU Leistung
Richtungsorientierte Verfahren					
DOA / Angle of Arrival / Triangulation	hoch	hoch	hoch	eher ungeeignet	Geringere Leistung bei Nahfeldanwendungen
Beamforming	hoch	gering	hoch	ja	Sensoren im Array müssen gleiche Amplituden und Phasenantworten aufweisen.
Machine-Learning Ansätze					
ANN	hoch	hoch	hoch	ja	Genauigkeit abhängig von Datensatzgröße und Qualität
Fruitfly Optimization	hoch	hoch	hoch	ja	Vergleichbare Einschränkung wie bei ANN
Bayesian Approach	hoch	hoch	gering	ja	Unklar unter realen Prozessbedinungen

Das Verfahren *MAE* zeichnet sich durch die Einfachheit in der Hardwareintegration aus. Jedoch wird das Verfahren als weniger robust eingeordnet, da es anfällig gegenüber Rückreflektionen und mehrfachen AE-Ereignissen ist. Zudem ist ein hoher Rechenaufwand erforderlich. Daher wird der MAE Ansatz für die vorliegende Monitoringaufgabe als ungeeignet eingeordnet.

Das *TOA-Verfahren* überzeugt durch seine vielseitige Einsetzbarkeit und gut recherchierte Anwendung. Die Anforderungen werden erfüllt, jedoch ist das Verfahren durch die Notwendigkeit der Synchronisation zwischen Sender und Empfänger eingeschränkt. Bei In-Prozess Monitoringaufgaben wird die Synchronisation als unmöglich eingeordnet, daher wird das Verfahren für die vorliegende Monitoringaufgabe nicht weiter berücksichtigt.

Mit dem *TDOA-Ansatz* werden nach Recherche alle Anforderungskriterien erfüllt. Es ist auf die Sensoranordnung zu achten, sie dürfen nicht einheitlich in einer Linie angeordnet werden. Das Verfahren eignet sich für die vorliegende Monitoringaufgabe.

Das *IMID-Verfahren* ahmt die Lokalisierungsfähigkeit von Menschen nach, in dem nur zwei Sensoren verwendet werden. Eine exakte 2D-Lokalisierung mit einfachen Rechensystemen ist daher sehr herausfordernd. Für die vorliegende Monitoringaufgabe wird das Verfahren daher als ungeeignet eingeordnet.

Das Verfahren nach dem *Amplitudenvergleich* erfüllt die Anforderungskriterien größtenteils. Nur die Eignung des Verfahrens bei Nachfeldaufgaben ist unklar. Zusätzlich ist eine einheitliche Amplitudenantwort und hochpräzise Kalibration der Sensoren notwendig. Die vorliegenden Systeme (Sensoren und AD-Wandler) werden so eingeschätzt, dass die Anforderung nicht umsetzbar ist. Eine hochpräzise Kalibrierung ist mit dem AD-Wandler ebenfalls sehr herausfordernd. Aus diesem Grund wird das Verfahren nicht weiter berücksichtigt.

Das *SRP-Verfahren* ist ein vielversprechender Ansatz, welcher die qualitätsbezogenen Anforderungen erfüllt. Allerdings ist eine hohe Rechenleistung erforderlich, insb. von GPUs. Daher ist das Verfahren für die In-Prozess Anwendung als eher ungeeignet einzuordnen.

Triangulierende Verfahren (DOA) sind ebenso vielversprechend; es wurden bereits viele Publikationen zum Verfahren veröffentlicht, was für einen ausgereiften Entwicklungsstatus spricht. Allerdings stößt die Methode bei Anwendungen im Nahfeld an ihre Grenzen. Bereits kleine Winkelabweichungen können zu erheblichen Fehlern in der zweidimensionalen Lokalisierung führen, was die Eignung dieser Methode in solchen Szenarien infrage stellt.

Das *Beamforming* wird vergleichbar zum Amplitudenvergleich eingeordnet. Es erfüllt alle Anforderungen, wird allerdings durch die Sensorauswahl eingeschränkt. Jeder Sensor muss die gleiche Amplituden- und Phasenantwort vorweisen oder präzise kalibriert sein. Die eingesetzten Sensoren werden zwar vom gleichen Typ sein, jedoch wird die exakt gleiche Amplitudenantwort als schwierig umsetzbar eingeschätzt.

Die untersuchten *Machine Learning Ansätze* sind ebenfalls vielversprechende Verfahren; erste Analyse in der Literatur zeigen gute Lokalisierungsergebnisse, auch unter Anwendung bei AM-Verfahren. Jedoch gibt es zwei wesentliche Einschränkungen, weshalb die Verfahren zunächst als ungeeignet eingeschätzt werden: eine sehr große Anzahl an Trainingsdaten wird benötigt, um gute Ergebnisse zu erzielen (insb. ANN). Außerdem ist der Einsatz unter realen LPA-Prozessbedingungen anzuzweifeln, insb. bei geringer bis moderater Trainingsdatenanzahl.

Als geeignetes Verfahren zur Lokalisierung von AE im Rahmen der LPA-Prozessumgebung stellt sich die Methode nach dem TDOA Verfahren heraus. Das Verfahren basiert auf der Analyse von Laufzeitunterschieden zwischen Sensoren. Mittels Hyperbelkurven werden Laufzeitunterschiede zwischen Sensoren (Signalen) zweidimensional beschrieben. Der Schnittpunkt der Kurven markiert die wahrscheinlichste Position der AE. In bisherigen Forschungsergebnissen beweist eine hohe Robustheit, eine ausreichende Genauigkeit und einen geringen Rechenaufwand. Vorteilhaft ist außerdem, dass keine zusätzliche Synchronisation zwischen Sendern und Empfängern notwendig ist. Die Empfänger (Sensoren) müssen jedoch exakt positioniert und synchronisiert Daten aufnehmen. Diese Einschränkung wird als realisierbar eingeschätzt. Das Lokalisierungskonzept wird daher auf Basis der TDOA Methodik entwickelt. Bei unzureichender Ergebnislage ist die detaillierte Prüfung der ML-Ansätze sowie des Beamformings denkbar.

5.2.2 Entwicklung des Lokalisierungsalgorithmus

Teile des folgenden Abschnittes wurden bereits veröffentlicht in [144, 145].

Die Lokalisierung der akustischen Ereignisse erfolgt in zwei Schritten. Im ersten Schritt wird der Laufzeitunterschied zwischen den gegebenen Signalen ermittelt. Hierzu lassen sich verschiedene Signalvergleichsverfahren einsetzen. Im zweiten Schritt werden mit dem ermittelten Laufzeitunterschied die x- und y-Koordinaten anhand von

Differenzfunktionen aus Sensorpaaren ermittelt. Die beiden Schritte sind in mittels *Python*-Skript umsetzbar und somit automatisierbar. Der Ablauf des Algorithmus ist in Abbildung 5.11 dargestellt.

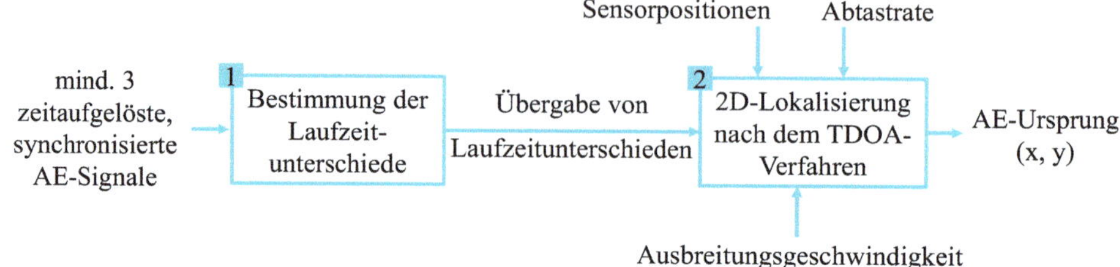

Abbildung 5.11:   Definierter Ablauf der Positionsbestimmung von akustischen Ereignissen in zwei Schritten nach dem TDOA-Ansatz

<u>Berechnung des Laufzeitunterschiedes (Schritt 1)</u>

Zur Berechnung des Laufzeitunterschiedes zwischen zwei Signalen (A, B) wird ein Signal (A) als stationär betrachtet, während das zweite Signal (B) entlang der Zeitachse translatorisch verschoben wird. Das Signal wird so lange verschoben, bis eine minimale Signalabweichung erreicht wird. Die Anzahl der Verschiebungsschritte bis zur Position mit der minimalen Signalabweichung gleicht dem Laufzeitunterschied zwischen den Signalen A und B ($n_{t,ver,AB}$). Die Funktionsweise ist in Abbildung 5.12 skizziert.

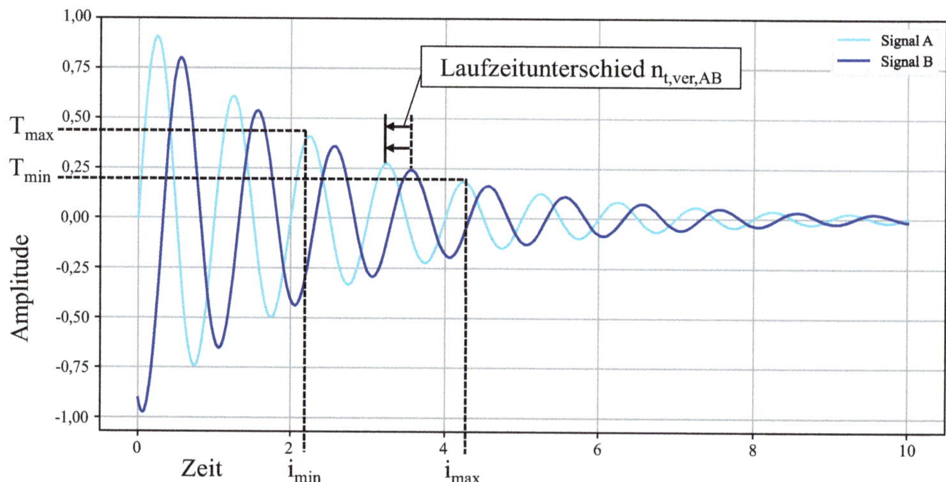

Abbildung 5.12:   Exemplarische Darstellung der Signale A und B, der Schwellwerte T_{min} und T_{max}, die dazugehörigen Indizes i_{min} und i_{max} und der Laufzeitunterschied $n_{tver,AB}$

Es sind Verfahren notwendig, die die Ähnlichkeit bzw. Abweichung zweier Signalsätze quantifiziert. Hierzu eigenen sich die folgenden Verfahren:

-     Normiertes Kreuzkorrelation K – Verfahren ($n_{t,ver,K}$)
-     Differenz D – Verfahren ($n_{t,ver,D}$)

-     Differenzquadrat D^2 - Verfahren (n_{t,ver,D^2})
-     Schwellwert S – Verfahren ($n_{t,ver,S}$)

Zur Bestimmung des Laufzeitunterschiedes zwischen Signal A und B müssen nach Anwendung Verfahren die folgenden Funktionen auf Minima untersucht werden.

$$f(n_{t,ver,K,AB}) = \frac{\sum_i S_a[i]\cdot S_b[i+n_{t,ver,K,AB}]}{\sqrt{\sum_i S_a^2[i]}\sqrt{\sum_i S_b{}^2[i+n_{t,ver,K,AB}]}} \tag{5.8}$$

$$f(n_{t,ver,R,AB}) = \sum_{i=imin}^{imax}\left|S_{a,i} - S_{b,(i+n_{t,ver,R,AB})}\right| \tag{5.9}$$

$$f(n_{t,ver,R^2,AB}) = \sum_{i=imin}^{imax}(S_{a,i} - S_{b,(i+n_{t,ver})})^2 \tag{5.10}$$

Die Funktionen basieren auf der normierten Kreuzkorrelation (5.8), dem Differenz D - Verfahren (5.9) und dem Differenzquadrat D^2 - Verfahren (5.10). S_a und S_b beschreiben die zeitaufgelösten Signale der Sensoren A und B. Die Indizes i_{min} und i_{max} stellen die Grenzen eines Bereichs dar, bestimmt durch den Schwellenwert T. Bei T übersteigt das Signal A erstmals eine vordefinierte Signalamplitude.

Zusätzlich lässt sich der Laufzeitunterschied nach dem Schwellwert-Verfahren bestimmen. Hierzu werden zu den beiden Signale A und B die Indizes I_1 und I_2 gesucht, bei denen die Vektorwerte der jeweiligen Signalvektoren A und B den vordefinierten Schwellwert überschreiten. Es kann eine Differenz der beiden Werte ausgegeben werden sowie die Teilvektoren von Signal A und B:

$$S_{Teil,A,B} = \{S_{A,B}[i] | i \in \mathbb{Z}, i_{min} \le i \le i_{max}\} \tag{5.11}$$

Die Indizes I_1 und I_2 lassen sich weiterhin beschreiben durch:

$$i_{min} = \min(I_1, I_2) - n_{t,ver,max} \tag{5.12}$$

$$i_{max} = \min(I_1, I_2) + n_{t,ver,max} \tag{5.13}$$

Die maximal mögliche Verschiebung $n_{t,ver,max}$ ergibt sich durch die Länge der aufgenommenen Signale. Beide Teilvektoren besitzen eine Größe der doppelten maximalen Verschiebung, die Mitte bildet den kleineren Index, bei dem der Schwellwert überschritten wurde. Wird der Schwellwert in nur einem der beiden Teilvektoren überschritten, liefert die Methode kein Ergebnis.

Der Laufzeitunterschied zwischen zwei Signalen wird als Verschiebung in diskreten Zeitschritten ausgegeben ($n_{t,ver}$) und ist daher einheitslos. Mit der bekannten Ausbreitungsgeschwindigkeit c_s und der Abtastrate f_s lässt sich der Laufzeitunterschied in Form der örtlichen Verschiebung zwischen beiden Signalen berechnen. Die Distanz zwischen den

Signalen A und B ist definiert als:

$$d_{s,A,B} = \frac{n_{t,ver,A,B}}{f_s} c_s \tag{5.14}$$

Mit allen vier Verfahren ist die Bestimmung des Laufzeitunterschiedes möglich. Die Leistungsfähigkeit und Präzision wird im Rahmen der Versuchsphase in Abschnitt 5.2.3 untersucht.

<u>Lokalisierung der AE in x-y-Ebene (Schritt 2)</u>

Mit der bekannten Verschiebung zwischen zwei Signalen ($n_{t,ver,AB}$), den exakten Sensorpositionen (A_x, A_y, B_x, B_y), der Ausbreitungsgeschwindigkeit der Schallwellen (c_s) sowie der Abtastrate (f_s) lässt sich im zweiten Schritt die Ursprungsposition der AE berechnen.

Innerhalb der x-y-Ebene ist der Abstand zwischen dem Signal S und dem Sensor A definiert als:

$$d(\vec{S}, \vec{A}) = \sqrt{(A_x - S_x)^2 + (A_y - S_y)^2} \tag{5.15}$$

Der Abstand zwischen dem gleichen Signal S und Sensor B ist definiert als:

$$d(\vec{S}, \vec{B}) = \sqrt{(B_x - S_x)^2 + (B_y - S_y)^2} \tag{5.16}$$

Um die relative Verschiebung zwischen beiden Sensoren (A, B) und dem Signal S zu erhalten, wird die Differenz aus (5.15) und (5.16) gebildet.

$$d_{s,A,B} = d(\vec{S}, \vec{A}) - d(\vec{S}, \vec{B}) \tag{5.17}$$

Nach Gleichstellung der Formeln (5.9) und (5.17) und Umstellung nach S_y ergibt sich die Funktion g mit den Variablen $n_{t,ver}$ und S_x:

$$S_{y,AB} = g(n_{t,ver,AB}, S_x) \tag{5.18}$$

Für jede Signalkoordinate S_x und Laufzeitunterschied $n_{t,ver}$ kann eine Signalkoordinate S_y berechnet werden. Hierfür sind zwei unabhängige Sensoren notwendig. Zur Berechnung der Signalkoordinate S_x ist ein weiteres Sensorpaar notwendig, hier Sensor A und C. Aus diesem Grund benötigt der Ansatz eine Mindestanzahl aus drei Sensoren. Mit der Erweiterung um einen Sensor C ergibt sich analog zur vorherigen Koordinatenbestimmung die Funktion:

$$S_{y,AC} = h(n_{t,ver,AC}, S_x) \tag{5.19}$$

Durch Gleichstellung der beiden Funktionen g und h lässt sich der Schnittpunkt berechnen und visualisieren. Der Schnittpunkt gibt die Koordinaten der AE beim Laufzeitunterschied

$n_{t,ver}$ aus, vgl. Abbildung 5.13. Die Funktionen – basierend auf den Laufzeitunterschieden – werden durch hyperbolische Kurven beschrieben, die aus zwei symmetrischen Ästen bestehen. Bei der Lokalisierung nach dem TDOA-Ansatz sind die relevanten Äste der Hyperbelfunktionen diejenigen, die die physikalisch möglichen Positionen des akustischen Ereignisses beschreiben. Einer der Äste beschreibt die positive Differenz zwischen den Signalen, während der andere Ast die negative Differenz darstellt. Um den relevanten Ast zu identifizieren, muss bekannt sein, an welchem Sensor das Signal als erstes angekommen ist. Wenn Sensor A das Signal vor Sensor B empfangen hat, dann ist der relevante Ast der, bei dem die Entfernung zu Sensor A kleiner ist als die Entfernung zu Sensor B. Dies entspricht einer positiven Differenz.

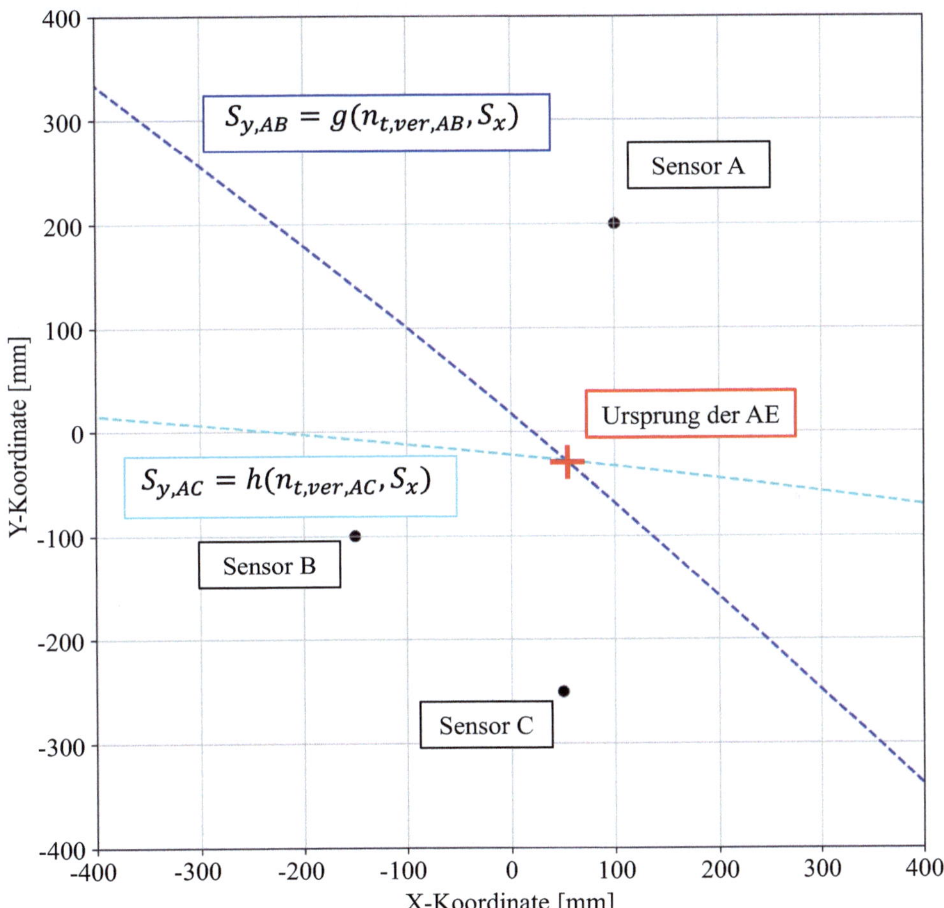

Abbildung 5.13: Darstellung von zwei hyperbolischen Laufzeitunterschiedfunktionen, basierend auf einer exemplarischen Lösung. Der Schnittpunkt der beiden Kurven berechnet die X- und Y-Koordinate des akustischen Events. Es wird nur ein Ast der symmetrischen Hyperbolkurven angezeigt.

Durch Umsetzung der entwickelten Funktionen lässt sich automatisiert die Berechnung der X- und Y-Koordinate, also der Ursprung des akustischen Events, ausgeben.

5.2.3 Experimentelle Lokalisierung nach dem Laufzeitverfahren

Teile des folgenden Abschnittes wurden bereits veröffentlicht in [144] und [145, 146].

<u>Ablauf</u>

Das Ziel dieses Abschnittes ist die experimentelle Entwicklung eines Monitoringkonzeptes, welches die Ortsauflösung von AE ermöglicht. Die Lokalisierung der AE folgt dem zuvor beschriebenen TDOA-Ansatz (vgl. 5.2.2). Hierzu sind 6 Schritte notwendig, die in Abbildung 5.14 skizziert sind.

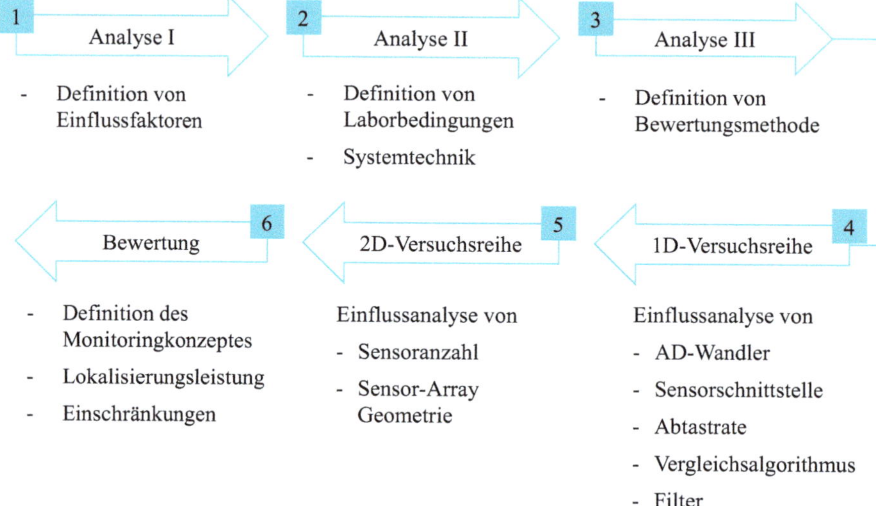

Abbildung 5.14: Ablauf der experimentellen Konzeptionsphase zur Entwicklung des ortsaufgelösten Monitoringkonzeptes

Die Konzeptentwicklung baut auf drei Analyseschritten auf. Zunächst werden Einflussfaktoren definiert, von denen die wichtigsten im Rahmen der Experimente analysiert sowie quantitativ und qualitativ eingeordnet werden. Im nächsten Schritt werden Laborbedingungen definiert, unter denen das Monitoringkonzept entwickelt wird. Hier wird ebenfalls die verwendete Systemtechnik beschrieben. Der letzte Schritt vor der experimentellen Versuchsphase ist die Definition einer Bewertungsmethodik, die Zielgrößen beinhaltet und nach der systematisch die Einflussfaktoren analysiert werden. Die experimentelle Versuchsphase teilt sich in zwei Abschnitte auf, die durch den vierten und fünften Schritt der Konzeptionsphase repräsentiert werden: zunächst werden 1D-Lokalisierungsversuche durchgeführt, nach denen bereits viele Einflussfaktoren eingeordnet werden können. Als Beispiel sei hier der Einfluss der AD-Wandler oder des Algorithmus zur Ermittlung der Laufzeitunterschiede genannt. Alle Einflussfaktoren, die mittels 1D-Lokalisierungsversuchen eingeordnet werden können, werden im Rahmen der ersten Versuchsphase untersucht. Einflussfaktoren, wie die Anordnung der eingesetzten Sensoren, können nur im

Rahmen von 2D-Lokalisierungsversuchen untersucht werden. Nach der Einordnung von allen Einflussfaktoren werden die Ergebnisse zusammengefasst, die erreichte Lokalisierungsleistung mit einem definierten Monitoringkonzept festgehalten und Einschränkungen des Konzeptes zusammengefasst.

Einflussfaktoren

Abbildung 5.15 fasst eine Auswahl von Faktoren zusammen, die bei der Lokalisierung von AE auf Basis des TDOA-Ansatzes Einfluss auf die Lokalisierungsqualität und -leistung haben. Die Auswahl basiert Ergebnissen aus der Literatur sowie Erkenntnissen aus durchgeführten Vorversuchen. In Nahfeldanwendungen wurden die Sensoranzahl, Sensoranordnung sowie die Substratgröße und -form als Einflussfaktoren genannt und untersucht (vgl. [147] , [148] und [119]). Die Auswahl der Einflussfaktoren besteht außerdem auf Annahmen und Ableitungen aus vergleichbaren Monitoringanwendungen.

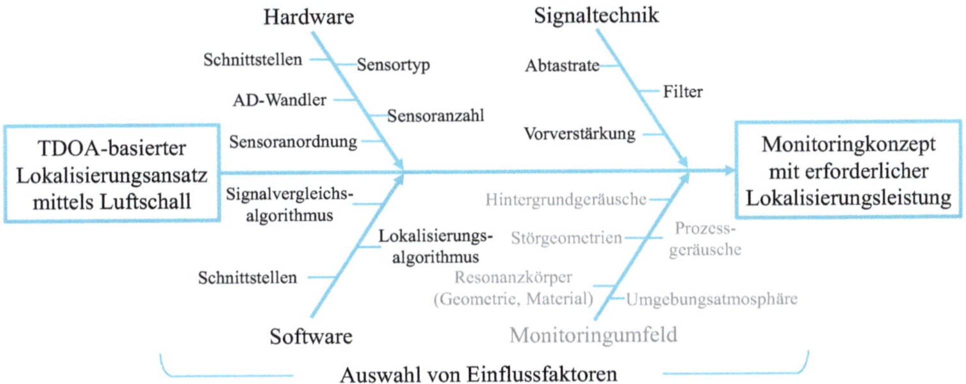

Abbildung 5.15:   Ausgewählte Einflussfaktoren auf Basis der Literatur und Erkenntnissen aus Vorversuchen

Es sind vier Hauptgruppen als Einflussfaktoren definiert: Hardware, Software, Signaltechnik und Monitoringumfeld. In diesem Abschnitt werden die Gruppen Hardware, Software und Signaltechnik untersucht. Ein Großteil der Einflussfaktoren unter der Gruppe Monitoringumfeld erfordert Versuche unter realen Prozessbedingungen. Diese Versuche erfolgen nach der Entwicklung des Monitoringkonzeptes mit der Übertragung und Validierung in Abschnitt 6. Aus diesem Grund ist die Hauptgruppe in der Abbildung ausgegraut.

Konzeptentwicklung unter Laborbedingungen und verwendete Systemtechnik

Im Rahmen der Konzeptentwicklung wird das Monitoringsystem unter Laborbedingungen entwickelt. Das entwickelte Lokalisierungskonzept wird dann im Kapitel 6 auf den realen LPA-Prozess übertragen und validiert.

Die Laborbedingungen sind durch die folgenden Eigenschaften gekennzeichnet, die eine erhebliche Verringerung im Entwicklungsaufwand bewirken:

-   Die charakteristischen Defektemissionen aus dem LPA-Prozess werden durch den Einsatz eines omni-direktionalen Lautsprechers reproduziert und wiedergegeben. Der Monitoringkonzept wird dementsprechend auf Basis einer Defektsimulation entwickelt.

- Die Versuche werden im Prozessumfeld einer eingehausten roboter-basierten Laserschweißanlage durchgeführt (TruLaser Robot 5020 Fertigungszelle).

- Die Sensoren sind schwingungsentkoppelt auf Profilen montiert und lassen sich auf dem Schweißtisch fest verschrauben

- Alle Versuche werden ohne laufende Fertigungsprozesse durchgeführt

Der Versuchsaufbau und die Prozessumgebung sind in Abbildung 5.16 dargestellt, anhand dessen die verwendete Systemtechnik erläutert wird.

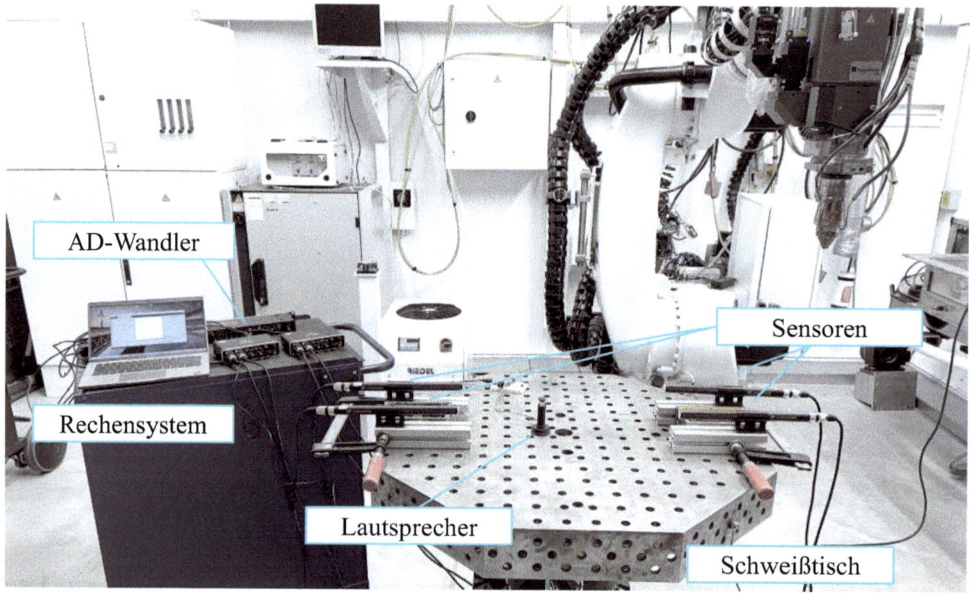

Abbildung 5.16: Versuchsaufbau unter Laborbedingungen zur Entwicklung des Lokalisierungskonzeptes

Das Lautsprechersystem emittiert charakteristische AE von vordefinierten Positionen. Es ist so gestaltet, dass die Aussendung des Luftschalls gleichmäßig in alle Richtungen durchgeführt wird. Für dieses System muss zunächst die Eignungsfähigkeit untersucht werden. Mittels Arduino wird eine Folge von Frequenzbändern abgespielt. Die Emissionen werden mit dem gewählten Mikrofontyp und dem AD-Wandler aufgenommen und mittels STFT in den Frequenzbereich transformiert. Abbildung 5.17 zeigt im oberen Bereich das gesamte Frequenzspektrum und unten den Ausschnitt der angeregten Frequenzen um 11,5 kHz, 12,0 kHz und 12,5 kHz.

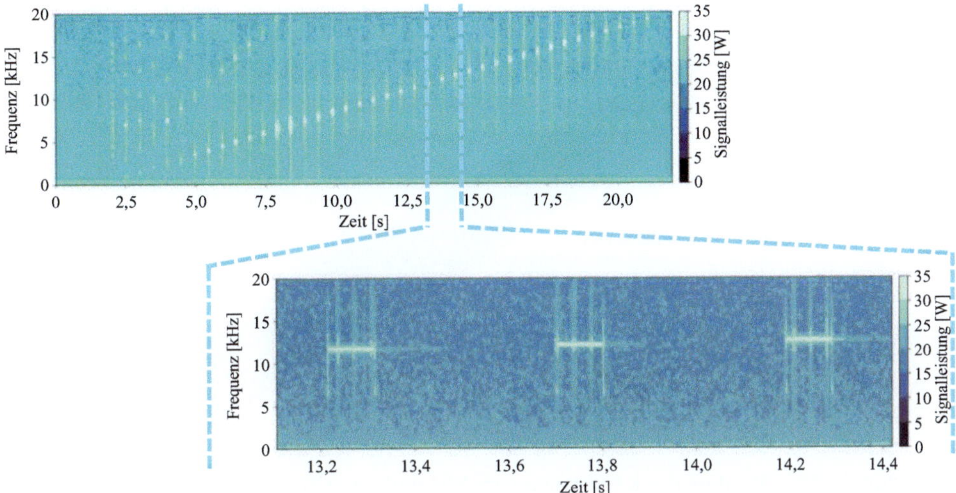

Abbildung 5.17: Frequenzanalyse des verwendeten Lautsprechers zur Simulation der LPA-Defektfrequenz

Die Analyse der simulierten AE mittels Lautsprecher zeigt, dass die AE realitätstreu wiedergegeben werden. Die Ergebnisse stützen den Einsatz des Lautsprechersystems als geeignetes Simulationswerkzeug.

Die Auswahl der notwendigen Systemtechnik orientiert sich an den Systemen der bisherigen Monitoringversuche. Die Anzahl der Systeme muss jedoch erhöht werden. Zur Berechnung des AE-Ursprungs nach TDOA-Ansatz sind mind. 3 Signalspuren von variierenden Orten notwendig. Hierfür wird die Anzahl der bisher verwendeten Sensoren und AD-Wandler erhöht:

-   Sensoren: 6x *Sennheiser MKE600*

-   AD-Wandler: 3x *Behringer UMC202HD* mit je 2 Signaleingängen und 1x *UMC1820* mit 8 Signaleingängen

Die Aufnahme der Signalspuren erfolgt über das Programm *Reaper* mit einer Abtastrate zwischen 44.1 kHz und 192 kHz. Da bei der TDOA-Methodik die Position mittels Laufzeitunterschied berechnet wird, ist die exakte Position des Kondensators im Mikrofon essentiell. Es folgt die Aufbauuntersuchung der Sensoren.

Aufbau des Richtmikrofons

Die Position des Kondensators wurde durch Demontage des Richtmikrofons ermittelt. Die Kondensatorposition ist in Abbildung 5.18 skizziert.

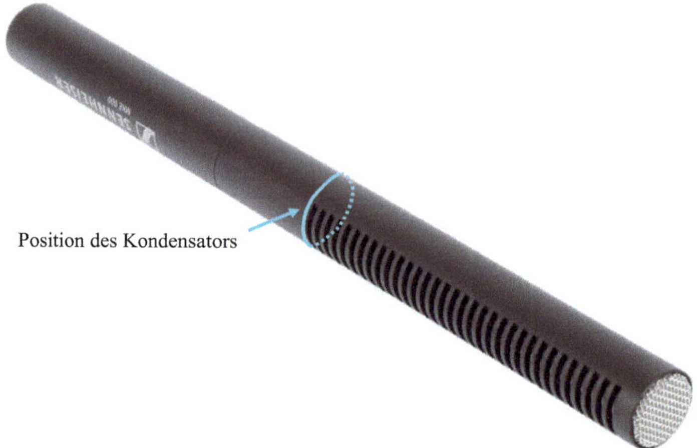

Abbildung 5.18:   Position des Kondensators im Richtmikrofon *Sennheiser MKE600*

Es wird ersichtlich, dass der Kondensator unmittelbar hinter der ersten Lamelle platziert ist. Dementsprechend ist bei den praktischen Versuchen auf die einheitliche und exakte Position mit Referenz der ersten Lamelle zu achten.

Bewertungsmethodik

Die Konzeptentwicklungsphase erfolgt iterativ und systematisch unter Berücksichtigung verschiedener Bewertungskriterien. Das Ziel der Bewertungskriterien ist die Maximierung der Lokalisierungsleistung sowie die qualitative und quantitative Einordnung von Einflussfaktoren. Die Definition der Versuchsreihen folgt dem Ziel geringst zulässigen Versuchsaufwandes.

Für den größeren Teil der Einflussfaktoruntersuchung ist die vereinfachte Einordnung der Einflussfaktoren mittels 1D-Lokalisierungsversuchen möglich. Hierbei wird der ermittelte Laufzeitunterschied zwischen 1 – 4 Signalen aus bis zu vier Sensoren als einzige Zielgröße verwendet. Dies ist in erster Linie bei Versuchen mit äquidistanter Sensoranordnung möglich, da der Soll-Laufzeitunterschied gleicht null ist und somit bekannt ist:

$$n_{t,ver,AB} = 0 \tag{5.20}$$

Der schematische Grundaufbau ist in Abbildung 5.19 dargestellt, welcher im Rahmen der 1D-Lokalisierungsversuche in Variationen verwendet wird.

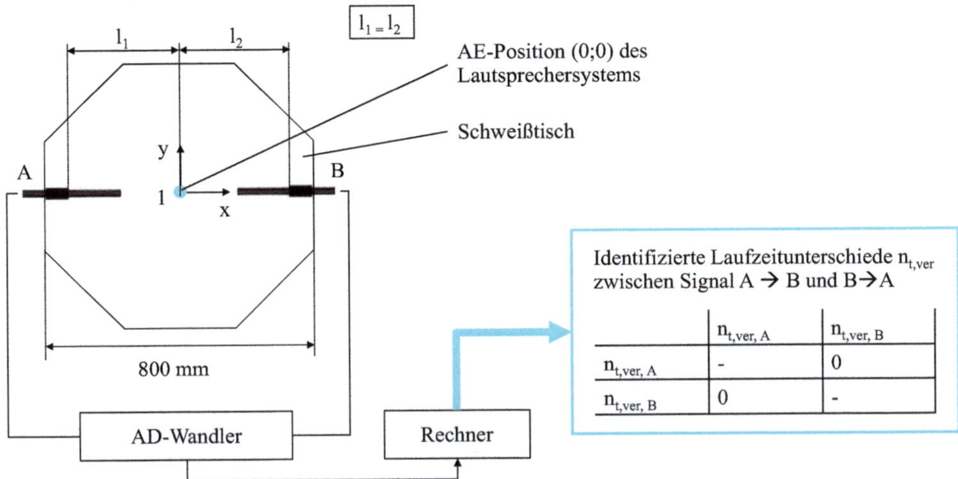

	$n_{t,ver, A}$	$n_{t,ver, B}$
$n_{t,ver, A}$	-	0
$n_{t,ver, B}$	0	-

Abbildung 5.19: Darstellung des schematischen Versuchsaufbau als Grundlage für die 1D-Loka-lisierungsversuche mit einer äquidistanten Sensoranordnung (A, B) unter zent-raler Positionierung des Lautsprechersystems auf dem Schweißtisch

Die Bewertung der 2D-Lokalisierungsversuche erfordert mehrere Bewertungskriterien, um Rückschlüsse auf die Lokalisierungsleistung bzw. Lokalisierungsqualität zu erarbeiten. Zur Einordnung werden in der Bewertungssystematik zunächst die Lokalisierungsergebnisse in einer 2D-Darstellung als Draufsicht auf die Monitoringebene visualisiert. Die Visualisierung ermöglicht eine schnelle und qualitative Bewertung des Lokalisierungsergebnisses. Zusätzlich folgt die quantitative Bewertung des Lokalisierungsergebnisses. Hierfür werden für jeden 2D-Lokalisierungsversuch die folgenden Kennwerte erhoben:

-   Mittleres Lokalisierungsergebnis in x- und y-Dimension: $\mu_{Pos, x}, \mu_{Pos, y}$
-   Mittlere Lokalisierungsabweichung in x- und y-Dimension: MAE_x, MAE_y
-   Standardabweichung x- und y-Dimension: σ_x, σ_y
-   Betrag der mittleren Lokalisierungsabweichung: MAE_{xy}

Die Kennwerte werden mit den klassischen mathematischen Operationen zur Bildung der Mittelwerte, der Standardabweichung sowie des Betrages durchgeführt. Ein quantitatives Gesamtergebnis wird nicht berechnet.

Die Entwicklung des Konzeptes erfolgt zunächst unter Anwendung der Konzepte im Rahmen von **1D-Lokalisierungsversuchen**:

Einfluss des AD-Wandlers und der Signalsynchronität

Zur 2D-Lokalisierung sind mindestens 3 Signalspuren notwendig. Beim Einsatz eines einfachen AD-Wandlers können zwei analoge Signale angeschlossen werden. Aus diesem Grund müssen bei der 2D-Lokalisierung in der einfachen Variante mind. 2 AD-Wandler eingesetzt werden. Durch die Trennung der AD-Wandlung und der Datenübertragung zum Rechner kann es zu Differenzen in der Signalsynchronität kommen, die zu einer inkorrek-ten Berechnung der AE-Position führt. Alternativ kann ein spezieller AD-Wandler mit 8 analogen Eingängen und einem digitalen Ausgang verwendet werden. Im folgenden

Vorversuch wird die Signalsynchronität in verschiedenen Konfigurationen untersucht. Zur Herleitung der Konfigurationen dienen die Faktoren *Typ AD-Wandler* und *Verbindungsmuster*, es werden 1D-Versuche mit 4 Mikrofonen durchgeführt. Der Versuchsaufbau ist in Abbildung 5.20 skizziert.

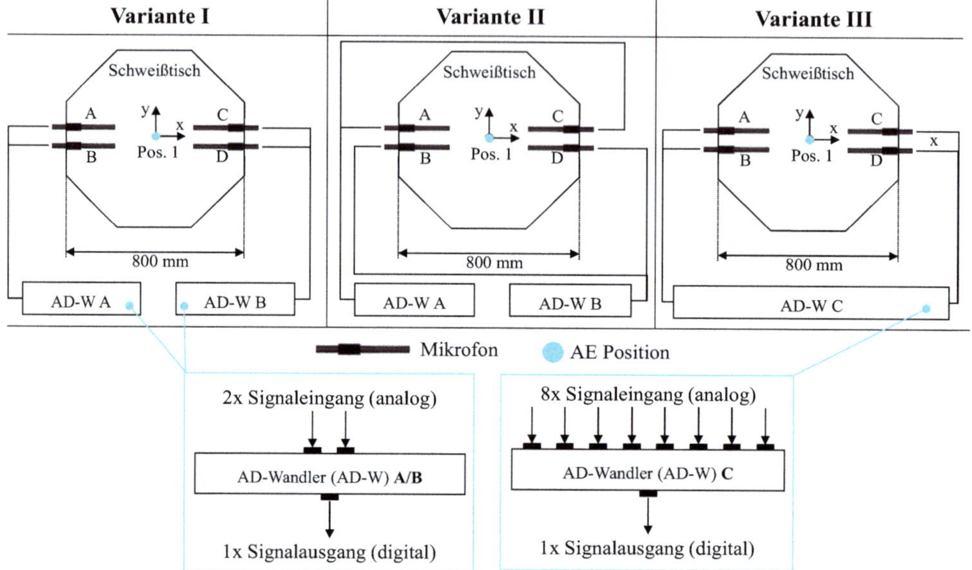

Abbildung 5.20:   Versuchsaufbau zur Validierung der Signalsynchronität im Rahmen einer 1D-Lokalisierung

Die Varianten sind nachfolgend charakterisiert:

- Variante I:
    - o Typ AD-Wandler: AD-W A und AD-W B (einfach)
    - o Verbindungsmuster: Sensor A, B (einheitliche Kondensatorebene) → AD-W A; Sensor C, D → AD-W B
- Variante II:
    - o Typ AD-Wandler: AD-W A und AD-W B (einfach)
    - o Verbindungsmuster: Sensor A, C (einheitliche Kondensatorachse) → AD-W A; Sensor B, D → AD-W B
- Variante III:
    - o Typ AD-Wandler: AD-W C (erweitert)
    - o Verbindungsmuster: Sensor A, B, C, D → AD-W C

Bei allen Varianten wird dieselbe AE-Position (x [in mm] / y [in mm]) in je vier unabhängigen Messreihen untersucht:

- AE-Position 1: (0 / 0)

Mit Hilfe des Lautsprechers wird das in Abbildung 5.17 dargestellte Signal wiedergegeben und analysiert. Nach der Aufnahme der Signalspuren wird die zeitliche Verschiebung mit dem minimalen Fehlerquadrat zwischen allen Sensorpaaren A – D identifiziert. Alle Zeitwerte werden im Anschluss summiert und mit den zu erwartenden Soll-Werten verglichen. Da sich die AE-Wiedergabe im Ursprung befindet, wird eine zeitlich einheitliche Signalverschiebung von 0 zwischen allen Sensoren erwartet. Eine geringe Differenz im Soll-Ist-Vergleich entspricht somit einem robusten Ergebnis, während eine hohe Differenz auf ein nicht belastbares Ergebnis und somit eine fehlende Signalsynchronität hinweist. Die Ergebnisse sind in Tabelle 5.5 zusammengefasst.

Tabelle 5.5:　Soll-Ist Vergleich der identifizierten zeitlichen Signalverschiebung $n_{t,ver}$ und der erwarteten zeitliche Signalverschiebung zwischen allen Mikrofonpaaren zur Bestimmung der Signalsynchronität

Sensor	Variante I				Variante II				Variante III			
	A	B	C	D	A	B	C	D	A	B	C	D
A	-	0	-59	-46	-	44	77	-176	-	0	10	0
B		-	-63	-56		-	-174	-176		-	10	0
C			-	9			-	0			-	0
D				-				-				-
Fazit	Hohe Differenzen deuten auf eine asynchrone Signalaufnahme hin				Hohe Differenzen deuten auf eine asynchrone Signalaufnahme hin				Geringe Differenzen deuten auf eine synchrone Signalaufnahme hin			

Im Soll-Ist Vergleich fällt auf, dass Variante I und II jeweils deutlich höhere Differenzen zur erwarteten zeitlichen Verschiebung aufweisen. Variante III erzielt über 4 Messreihen in Summe bei zwei Sensorpaaren (A – C und B – C) eine Differenz von 10 Zeitschritten. Da das Aufnahmeverfahren und die Laborbedingen in allen Messreihen entlang der Varianten einheitlich war und in dieser Versuchsreihe lediglich der Typ des AD-Wandlers sowie das Verbindungsmuster variiert wurden, weisen die Ergebnisse auf einen negativen Einfluss durch die Verwendung des einfachen AD-Wandlers A und D hin. Die Vermutung der asynchronen Signalaufnahme bei Verwendung von unterschiedlichen AD-Wandlern wurde hiermit bestätigt. Dementsprechend darf bei der AE-Lokalisierung nach dem Laufzeitverfahren nur der erweiterte AD-Wandler (Typ C mit 8 analogen Eingängen) verwendet werden.

Einfluss durch Abtastrate

Die Höhe der Abtastrate spielt eine wichtige Rolle bei der Qualität von aufgezeichneten, digitalen Signalen. Je höher die Abtastrate, desto näher liegt das Digitalsignal am Analogsignal. Eine hohe Abtastrate bedeutet deshalb ebenfalls, dass die Auflösung des Signals höher ist als bei einem aufgenommenen Signal mit einer niedrigen Abtastrate. Beim Vergleich von zwei Signalen zur Ermittlung eines Laufzeitunterschiedes ist eine höhere Abtastrate aus diesem Grund ebenfalls sinnvoll. Zwischen der Abtastrate f_s, der Ausbreitungsgeschwindigkeit c_s, der Anzahl der diskreten Zeitschritte $n_{t,ver}$ und der berechneten geometrischen Verschiebung zwischen den Sensoren A und B d_{AB} besteht der folgende (vereinfachte) Zusammenhang:

$$d_{AB} = \frac{n_{t,ver}}{f_s}\, c_s \qquad (5.21)$$

Die maximal erreichbare Auflösung der Lokalisierung hängt somit direkt von der Höhe der Abtastrate zusammen. Aus f_s → max mit $n_{t,ver}$, c_s = const. folgt d_{AB} → min.

Neben dem Ziel, die Abtastrate so hoch wie möglich auszuwählen, herrscht die Bedingung nach dem Nyquist-Shannon-Theorem (vgl. Kapitel 2). Mit der Nutzung der gegebenen Sensoren werden bandbegrenzte Signale zwischen 20 Hz und 20 kHz erwartet. Nach dem Nyquist-Shannon-Theorem gilt:

$$f_{s,min} \geq 2\, f_{max,erwartet} = 40\, kHz \qquad (5.22)$$

Auf Grund der vollständigen Bestimmung mit Einhaltung des Nyquist-Shannon-Theorems und dem Ziel von f_s → max wird zunächst auf eine experimentelle Untersuchung der Einflussanalyse der Abtastrate f_s verzichtet.

<u>Signalfilter</u>

Das Ziel der Signalfilter ist die Entfernung von allen Geräuschen und Tönen außerhalb der charakteristischen Defektfrequenz. Der Lautsprecher simuliert die Defektentstehung im LPA-Prozess und emittiert transiente AE mit einer Zielfrequenz von 12 kHz. Aus diesem Grund ergibt der Einsatz eines Bandpass-Filters Sinn. Für alle Versuche wird der Einsatz eines Butterworth-Filters mit zweiter Ordnung, einer unteren Grenzfrequenz von 10 kHz und einer oberen Grenzfrequenz von 14 kHz verwendet. Die Filter werden vollständig digital eingesetzt und somit im Rahmen des Python-Programmes implementiert. Die entsprechenden Filterfunktionen sind in der Bibliothek *SciPy (.signal)* enthalten.

Die Variation und der Einsatz der Filterparameter wird in der Konzeptphase noch nicht fokussiert, da sich in der Validierungsphase die Umgebungsgeräusche im In-Prozess Monitoring stark verändern. Aus diesem Grund wird im Abschnitt 6 detailliert der Einfluss des eingesetzten Filters untersucht.

<u>Einfluss durch Algorithmus zur Berechnung der Laufzeitunterschiede</u>

Durch die bisherigen Voruntersuchungen wurden Anforderungen an den Typ des AD-Wandlers, an das Verbindungsmuster der Sensoren zum AD-Wandler und an die Abtastrate gestellt.

Im nächsten Schritt wird der Einfluss der nutzbaren Algorithmen untersucht, mit denen die Laufzeitunterschiede zwischen den aufgenommenen Signalen berechnet werden. Die Berechnung des Laufzeitunterschiedes zwischen Sensorpaaren bietet die Grundlage für die Berechnung des Ursprungs der akustischen Emissionen und ist deshalb essentiell. Die Grundlagen der Algorithmen werden in Kapitel 2 beschrieben. Die Implementierung der Algorithmen erfolgt mittels *Python*. Da mit den Algorithmen jeweils immer nur ein

Sensorpaar verglichen wird, werden zur Analyse 1D-Lokalisierungsversuche durchgeführt, welche nach Variante III aus Abbildung 5.20 aufgebaut sind. Es werden sechs Datensätze aufgenommen, zu jedem Sensorpaar wird der Laufzeitunterscheid $n_{t,ver}$ mit konstanten Filterparametern berechnet. Als Signalfilter wird Butterworth-Filter zweiter Ordnung mit einer unteren Grenzfrequenz von 10 kHz und einer oberen Grenzfrequenz von 14 kHz verwendet. Durch die zentrale, äquidistante Position des akustischen Signals wird zwischen jedem Sensorpaar ein Laufzeitunterschied $n_{t,ver}$ von 0 erwartet. Die Signale werden mittels (i) normierter Kreuzkorrelation K, (ii) Differenz D - Verfahren, (iii) Differenzquadrat D^2 - Verfahren und (iv) Schwellwert S – Verfahren verglichen und basierend auf der minimalen Differenz die Laufzeitunterschiede $n_{t,ver}$ berechnet. Die Mittelwerte der 6 Versuchsreihen werden anhand von Dreiecksmatrizen nachfolgend zusammengefasst.

Tabelle 5.6:　Berechnete Laufzeitunterschiede $n_{t,ver}$ in diskreten Zeitschritten zwischen den Sensorpaaren A – D mit den Verfahren (i) Normierte Kreuzkorrelation K, (ii) Differenz D, (iii) Differenzquadrat D^2 (iii) und (iv) Schwellwert S – Verfahren

Sensor	(i) Normierte Kreuzkorrelation K				(ii) Differenz D			
	A	B	C	D	A	B	C	D
A	-	3,17	3,17	6,16	-	6,17	3,17	6,17
B		-	5,5	6,17		-	10,51	7,34
C			-	0,67			-	2,00
D				-				-

Sensor	(iii) Differenzquadrat D^2				(iv) Schwellwert S			
	A	B	C	D	A	B	C	D
A	-	3,17	1,5	6,16	-	19275	3,5	3
B		-	5,5	6,17		-	19272	19272
C			-	0,67			-	0,5
D				-				-

Da im Idealfall für jedes Sensorpaar ein Laufzeitunterschied von $n_{t,ver} = 0$ identifiziert wird, kann zur Gesamtbeurteilung der Methoden der gesamte Mittelwert der jeweiligen Dreiecksmatrizen herangezogen werden. Es ergeben sich die folgenden Endergebnisse:

- 　(i) Normierte Kreuzkorrelation K – Verfahren: 　$n_{t,ver,K} = 4{,}14$
- 　(ii) Differenz D – Verfahren: 　$n_{t,ver,D} = 5{,}89$
- 　(iii) Differenzquadrat D^2 - Verfahren: 　$n_{t,ver,D^2} = 3{,}86$
- 　(iv) Schwellwert S – Verfahren: 　$n_{t,ver,S} = 9638$

Das Differenzquadrat D^2 - Verfahren liefert im vorliegenden Versuch die besten Ergebnisse zur Berechnung von $n_{t,ver}$. Aber auch die Ergebnisse des normierten Kreuzkorrelation K – Verfahrens und Differenz D – Verfahrens zeigen robuste Ergebnisse. Bei der schwellenwertbasierten Methode können drei starke Ausreißer identifiziert werden, was auf eine hohe Fragilität beim Vergleich von transienten Signalen hinweist. Da die Fehlererkennung beim LPA auf der Analyse von transienten Ereignissen basiert, stellt sich die Schwellwertmethode ohne erweiterte Parameterentwicklung als nicht geeignet heraus. Auf Basis der Ergebnisse wird für die Berechnung der Laufzeitunterschiede $n_{t,ver}$ der akustischen LPA-Signale fortan das Differenzquadrat D^2 - Verfahren verwendet.

Die weitere Entwicklung erfolgt durch Anwendung des Konzeptes im Rahmen von **2D-Lokalisierungsversuchen**:

<u>Einfluss der Sensoranzahl auf das 2D-Lokalisierungsergebnis</u>

Der Einfluss der Sensoranzahl wird im Rahmen von 2D-Lokalisierungsversuchen untersucht. Es werden zwei Sensorarray-Varianten definiert: Variante I mit der Verwendung von 4 Sensoren und Variante II mit der Verwendung von 6 Sensoren. In Variante I sind die Sensoren so ausgerichtet, dass je x- bzw. y-Dimension ein Sensorpaar verwendet wird. In Variante II werden zwei Sensorpaare auf der Monitoringachse in x-Richtung eingesetzt. Der Versuchsaufbau wird in Abbildung 5.21 dargestellt. Die Abbildung beinhaltet ebenfalls die Sensorpositionen sowie die Soll-Lokalisierungspositionen, also die Positionen des Lautsprechersystems.

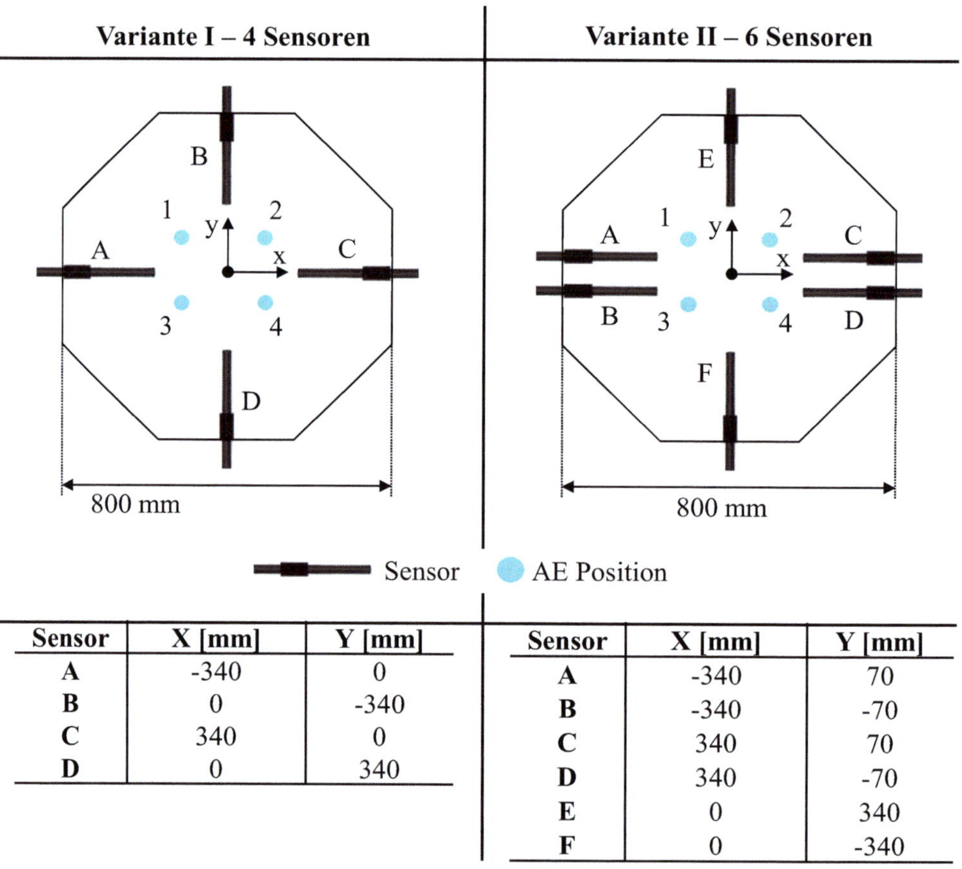

Sensor	X [mm]	Y [mm]
A	-340	0
B	0	-340
C	340	0
D	0	340

Sensor	X [mm]	Y [mm]
A	-340	70
B	-340	-70
C	340	70
D	340	-70
E	0	340
F	0	-340

Abbildung 5.21:   Versuchsaufbau zur Bestimmung des Einflusses der Sensoranzahl bei der 2D-Lokalisierung mit 4 Sensoren (Variante I) und 6 Sensoren (Variante II). Alle Sensoren sind mit einem AD-Wandler verbunden.

Die Beurteilung der Lokalisierungsleistung erfolgt im visuellen Vergleich sowie durch den Vergleich der mittleren Lokalisierungsergebnisse ($\mu_{Pos,x}$, $\mu_{Pos,y}$), der mittleren

Abweichung zwischen Soll- und Ist-Werten (MAE_x, MAE_y, MAE_{xy}) und der Standardabweichung (σ_x, σ_y, σ_{xy}). Die Lokalisierungsergebnisse sind visuell dargestellt in Abbildung 5.22.

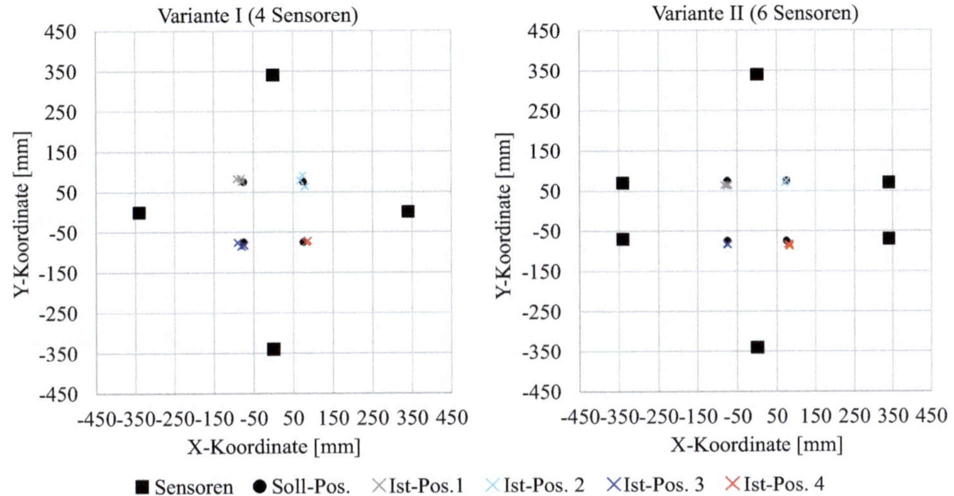

Abbildung 5.22: Lokalisierungsdiagramm zur Einflussuntersuchung der Sensoranzahl auf die 2D-Lokalisierung mit Variante I (4 Sensoren) und Variante II (6 Sensoren) (n = 3 je Position)

Das Lokalisierungsdiagramm zeigt für beide Varianten gute Lokalisierungsergebnisse. Ein Großteil der berechneten Lokalisierungswerte befindet sich innerhalb der jeweiligen Quadrate (50 mm x 50 mm) der Zielwerte Pos. 1 – 4. Ein direkt ersichtlicher Vor- bzw. Nachteil der untersuchten Varianten kann anhand der Lokalisierungsdiagramme nicht festgestellt werden. Zur weiteren Evaluierung der Lokalisierungsergebnisse werden die zuvor definierten Lokalisierungskennwerte herangezogen, zusammengefasst in Tabelle 5.7.

Tabelle 5.7:   Erhobene Lokalisierungskennwerte zur Bewertung der Lokalisierungsperformance von Variante I (4 Sensoren) und Variante II (6 Sensoren)

	Pos.	Dim.	Ziel [mm]	μ_{Pos} [mm]	MAE_x, MAE_y [mm]	MAE_{xy} [mm]	σ_x, σ_y [mm]	σ_{xy} [mm]
Variante I	1	x	-75	-84,39	-9,39		5,69	
		y	75	80,45	5,45	10,85	3,38	6,62
	2	x	75	73,11	-1,89		4,90	
		y	75	77,67	2,67	3,28	11,46	12,46
	3	x	-75	-81,56	-6,56		6,89	
		y	-75	-81,90	-6,90	9,52	4,14	8,03
	4	x	75	84,07	9,07		1,48	
		y	-75	-73,71	1,29	9,16	1,59	2,18
	Total		-	-	-	8,20	-	7,32
Variante II	1	x	-75	-76,89	-1,89		3,79	
		y	75	63,83	-11,17	11,33	0,42	3,81
	2	x	75	73,39	-1,64		1,58	
		y	75	73,79	-1,21	2,04	2,53	2,98
	3	x	-75	-74,90	0,10		0,52	
		y	-75	-84,55	-9,55	9,55	0,77	0,93
	4	x	75	81,49	6,49		1,80	
		y	-75	-86,21	11,21	12,95	2,00	2,69
	Total		-	-	-	8,97	-	2,60

In beiden Varianten des Lokalisierungsverfahrens können sehr gute Ergebnisse erzielt werden. Die mittlere absolute Abweichung (MAE_{xy}) beträgt bei Variante I 8,20 mm, während sie bei Variante II 8,97 mm beträgt. Die Streuung der Lokalisierungswerte lässt sich durch den Einsatz von sechs Sensoren reduzieren. So sinkt die Standardabweichung von 7,32 mm auf 2,60 mm. Der gemittelte Lokalisierungsfehler bleibt konstant, wodurch keine signifikanten Unterschiede zwischen den Varianten erkennbar sind. Eine leicht verbesserte Lokalisierungsleistung zeigt sich in der x-Dimension im Vergleich zur y-Dimension und zu Variante I, was sich in einer geringeren mittleren Abweichung widerspiegelt. Diese Verbesserung in der x-Dimension kann durch das zusätzliche Sensorpaar erklärt werden, das das Lokalisierungsverfahren robuster und weniger anfällig gegenüber Ausreißerwerten macht. Die negative Beeinflussung jene Störsignale wird im abschließenden Unterkapitel detailliert betrachtet.

Einfluss durch die Sensoranordnung

Es wird angenommen, dass die Positionierung der Sensoren bei der Lokalisierung von AE aus dem LPA-Prozess von großem Einfluss ist. Zur Einflussanalyse werden vier verschiedene Sensoranordnungen definiert und untersucht. Wegen der verbesserten Lokalisierungsleistung werden in allen Anordnungen sechs Sensoren verwendet. Die ausgewählten Sensoranordnungen orientieren sich dabei am maximal abdeckbaren Monitoringbereich und der Anordnung und Charakteristik der Monitoringachsen. Die Eigenschaften der

Sensoranordnungen sind in Tabelle 5.8 zusammengefasst. Es werden jeweils drei Lokalisierungsversuche von den AE-Positionen 1...4 durchgeführt.

Tabelle 5.8: Eigenschaften der Sensoranordnungen I, II, III und IV

Anordnung	I	II	III	IV
Sensorpaare	3	3	3	0
Monitoring-achsen	3	3	3	6
Achsausrichtung	2 parallel, 1 orthogonal	radial	parallel	parallel und orthogonal
Monitoringbereich[1] [mm²]	479671,70	442261,57	553579,44	472149,14

Die vier Sensoranordnung sind als Draufsicht in Abbildung 5.23 dargestellt.

---

[1] Der Monitoringbereich wird abgeschätzt auf Basis des Polardiagramms der Richtmikrofone. Das Polardiagramm ist dem Anhang (A.7) zu entnehmen, ebenso wie die visuelle Darstellung des Monitoringbereichs. Eine CAD-Software wurde zu Berechnung des Monitoringbereichs verwendet.

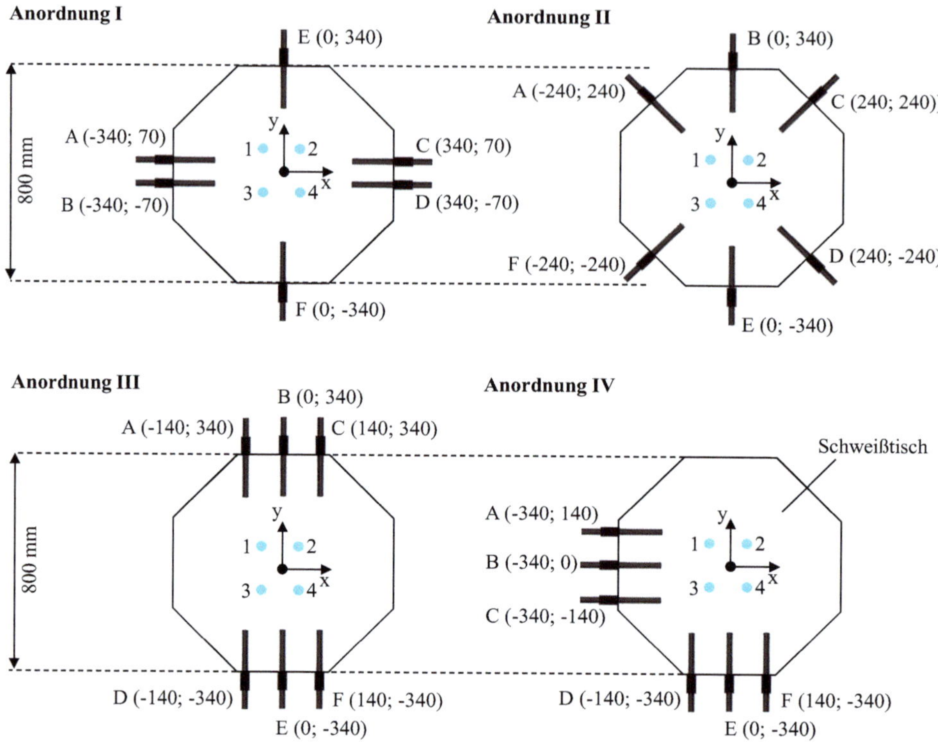

Abbildung 5.23:   Versuchsaufbau zur Einflussbewertung der Sensoranordnung

Die Lokalisierungsergebnisse von Sensoranordnung I und II sowie von Anordnung III und IV werden gebündelt dargestellt. Abbildung 5.24 zeigt die Lokalisierungsdiagramme von Anordnung I und II. Die Lokalisierungskennwerte der beiden Anordnungen sind in Tabelle 5.9 zusammengefasst.

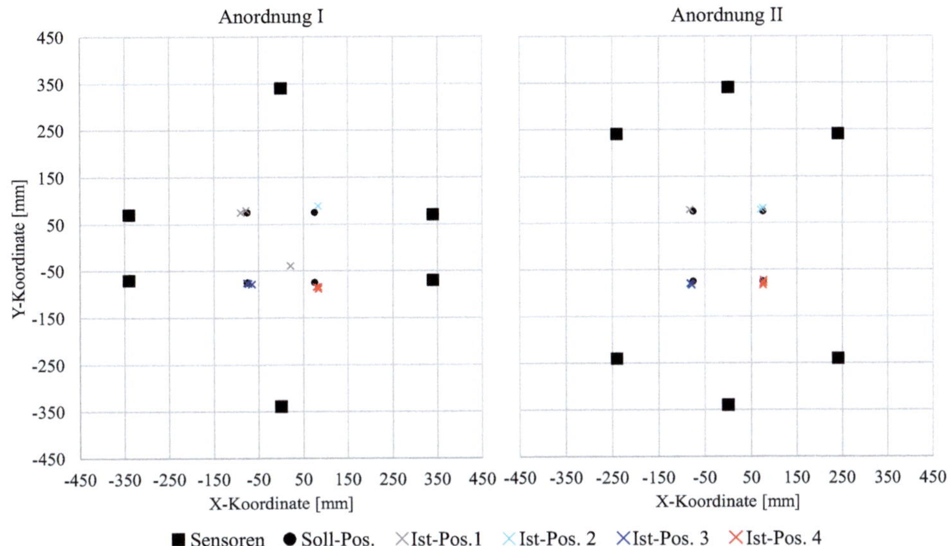

Abbildung 5.24:   Lokalisierungsergebnis von Sensoranordnung I (links) und II (rechts)

Anordnung I: Das Lokalisierungsdiagramm dokumentiert eine gute Lokalisierungsleistung unter Verwendung der Sensoranordnung I. Ein deutlicher Ausreißer ist bei einem lokalisierten AE-Ereignis von Position 1 erkennbar. Alle anderen berechneten Ist-Positionen liegen innerhalb des 50x50 mm Quadrats der jeweiligen Zielposition. Über alle lokalisierten AE-Positionen hinweg wird eine mittlere absolute Abweichung (MAE$_{xy}$) von 19,88 mm erreicht, bei einer Standardabweichung von 20,37 mm. Die mittlere Abweichung entlang der y-Achse ist etwas höher als die entlang der x-Achse, was sich durch die erhöhte Anzahl der Sensorpaare mit einer Überwachungsachse parallel zur x-Achse erklären lässt.

Anordnung II: Für die Sensoranordnung II ist kein Ausreißerwert erkennbar, alle berechneten Ist-Positionen der AE-Events sind nah an den Soll-Werten. Mit Berücksichtigung jedes Versuches wird eine mittlere Abweichung von 6,61 mm mit einer Standardabweichung von 2,17 mm erzielt. Die Lokalisierungsleistung mit angeordneten Sensoren nach Variante II wird als sehr gut eingestuft.

Tabelle 5.9:   Lokalisierungskennwerte von Anordnung I und II zur Einflussbewertung der Sensoranordnungen

	Pos.	Dim.	Ziel [mm]	μ_{Pos} [mm]	MAE_x, MAE_y [mm]	MAE_{xy} [mm]	σ_x, σ_y [mm]	σ_{xy} [mm]
Anordnung I	1	x	-75	-48,74	26,26		49,58	
		y	75	38,21	36,79	45,20	55,11	74,13
	2	x	75	82,42	7,42		0,00	
		y	75	89,03	14,03	15,87	0,00	0,00
	3	x	-75	-70,24	4,76		4,51	
		y	-75	-77,74	2,74	5,50	1,15	4,66
	4	x	75	81,49	6,49		1,80	
		y	-75	-86,21	11,21	12,95	2,00	2,69
	Total		-	-	-	19,88	-	20,37
Anordnung II	1	x	-75	-82,62	7,62		0,13	
		y	75	78,34	3,34	8,32	0,22	0,26
	2	x	75	72,18	2,82		2,66	
		y	75	80,26	5,26	5,96	1,13	2,89
	3	x	-75	-80,02	5,02		1,36	
		y	-75	-81,03	6,03	7,84	1,32	1,89
	4	x	75	75,04	0,04		0,48	
		y	-75	-79,31	4,31	4,31	3,61	3,64
	Total		-	-	-	6,61	-	2,17

Abbildung 5.25 zeigt die Lokalisierungsdiagramme von Anordnung III und IV. Die Lokalisierungskennwerte der beiden Anordnungen sind in Tabelle 5.10 zusammengefasst.

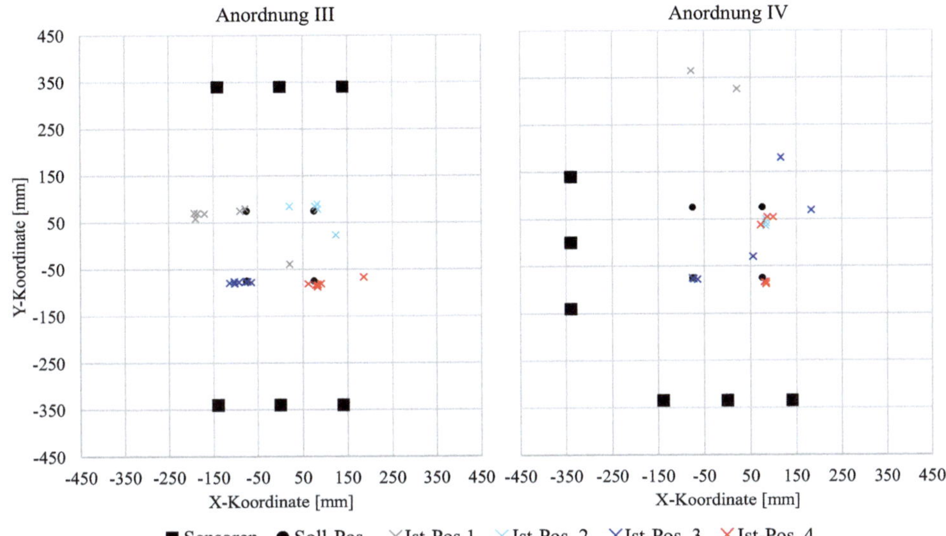

Abbildung 5.25: Lokalisierungsergebnis von Sensoranordnung III (links) und IV (rechts)

Tabelle 5.10: Lokalisierungskennwerte von Anordnung III und IV zur Einflussbewertung der Sensoranordnungen

	Pos.	Dim.	Ziel [mm]	μ_{Pos} [mm]	MAE_x, MAE_y [mm]	MAE_{xy} [mm]	σ_x, σ_y [mm]	σ_{xy} [mm]
Anordnung III	1	x	-75	-184,72	109,72		9,03	
		y	75	67,07	7,93	110,00	4,99	10,32
	2	x	75	76,67	1,67		36,76	
		y	75	67,12	7,88	8,05	26,02	45,04
	3	x	-75	-102,33	27,33		7,24	
		y	-75	-79,23	4,23	27,65	1,63	7,41
	4	x	75	105,74	30,74		47,80	
		y	-75	-78,93	42,36	30,98	6,11	48,19
	Total		-	-	-	44,17	-	27,74
Anordnung IV	1	x	-75	136,16	211,13		32,79	
		y	75	405,33	330,33	392,04	86,69	92,68
	2	x	75	16,21	58,79		18,88	
		y	75	41,77	33,23	67,53	6,25	19,89
	3	x	-75	117,81	192,81		52,18	
		y	-75	72,49	147,49	242,75	85,84	100,46
	4	x	75	84,78	9,77		11,09	
		y	-75	47,25	122,25	122,64	8,02	13,69
	Total		-	-	-	206,24	-	56,68

Anordnung III: Die Ergebnisse zeigen eine moderate Lokalisierungsleistung in der xy-Ebene: Es wird ein mittlerer absoluter Fehler (MAE_{xy}) von 44,17 mm erzielt. Auffallend ist die starke Differenz zwischen der Genauigkeit in x bzw. y-Richtung. Entlang der x-Achse wird eine mittlere Abweichung von 42,3 mm erreicht, während in y-Richtung eine mittlere Abweichung von 5,9 mm erreicht wird. Aufgrund der verringerten Lokalisierungsleistung entlang der x-Achse ist die Gesamtlokalisierung im Vergleich zu allen Experimenten nur durchschnittlich. Die höhere Streuung der Lokalisierungswerte wird ebenso von einer erhöhten Standardabweichung (σ_{xy} = 27,74 mm) widergespiegelt. Abbildung 5.25 zeigt deutlich die Streuung auf einer y-Ebene entlang der x-Achse. Darüber hinaus wird trotz der höchsten Anzahl von Richtungssensoren, die in eine Richtung ausgerichtet sind, die Genauigkeit in dieser Dimension nicht verbessert.

Anordnung IV: Die Ergebnisse zeigen insgesamt eine verringerte Lokalisierungsleistung, sowohl in x- als auch in y-Richtung. Es wird ein durchschnittlicher absoluter Fehler von 206,24 mm erreicht. Diese Genauigkeit würde nicht ausreichen, um LPA-Defekte zwischen Substratmaterialien zu lokalisieren. Insbesondere die Lokalisierung der AE von Pos. 1 und Pos. 3 ist schlecht; es werden sehr hohe MAE (392,04 mm und 242,75 mm) und Standardabweichungen (92,68 mm und 100,46 mm) erzielt. Um eine schlechte Lokalisierungsleistung aufgrund ungünstiger experimenteller Bedingungen auszuschließen, wurden zusätzliche Experimente durchgeführt. Eine signifikante Verbesserung der Lokalisierungsleistung kann auch mit zusätzlichen Versuchen nicht erzielt werden. Dies spricht für eine ungünstige Anordnung der Sensoren.

Bei der Untersuchung von zusätzlichen Versuchen kann ein starker Einfluss von transienten AE aus der Umgebung festgestellt werden. Diese Limitierung des Monitoringkonzeptes wird im nachfolgenden Unterkapitel beschrieben.

Identifizierte Einschränkungen des Lokalisierungskonzeptes

Transiente akustische Emissionen, wie z.B. ausgelöst von herunterfallenden Werkzeugen, haben trotz der Richtcharakteristik einen großen Einfluss auf die Lokalisierungsleistung mit dem entwickelten Monitoringkonzept. Das ausgelöste Frequenzband hat dabei oft Anteile im Bereich der definierten Defektfrequenzen, daher kommt es zu einer vermischten Lokalisierung zwischen Defekt und Umgebung. Gleichzeitig können Umgebungsgeräusche, wie konstante Maschinengeräusche, gut durch die eingesetzten Filter ausgeblendet werden. Zur Verringerung des Einflusses durch transiente AE führen die Feineinstellungen des AD-Wandlers und Variationen des Abstands der Sensoren zu den AE-Positionen nicht zu einer signifikanten Verbesserung der Lokalisierungsleistung.

Weiterhin kommt es zu schlechten Lokalisierungsergebnissen durch starkes Rauschen und eine unvollständige Signalaufzeichnung. Das Rauschen kann durch interferierende Schwingungen oder ungenügende Signalkontakte in den Schnittstellen zwischen AD-Wandler – Kabel – Sensor ausgelöst werden. Exemplarisch zeigt ein Versuch mit 6 Sensoren in Anordnung 1, Pos. 2 die Auswirkung von starkem Rauschen auf die Lokalisierungsleistung, welches durch manuelle Prüfung der Signalqualität identifiziert wird: Die aufgenommenen Daten von Sensor C entsprechen nicht der Signalqualität der ergänzenden Sensoren. Akustisch ist ein starkes Rauschen hörbar. Trotz Filterung und Normalisierung der Signale kann es durch den hohen Störanteil zum Vergleich von zwei sehr unterschiedlichen Signalen kommen. Die relevanten akustischen Signaturen gehen in so einem Szenario unter. Bei zwei stark verschiedenen Signalen stößt der Algorithmus zur

Berechnung des Laufzeitunterschiedes an seine Grenzen und gibt stark abweichende Laufzeitunterschiede aus. Erkennbar ist dieser Fall in Abbildung 5.26.

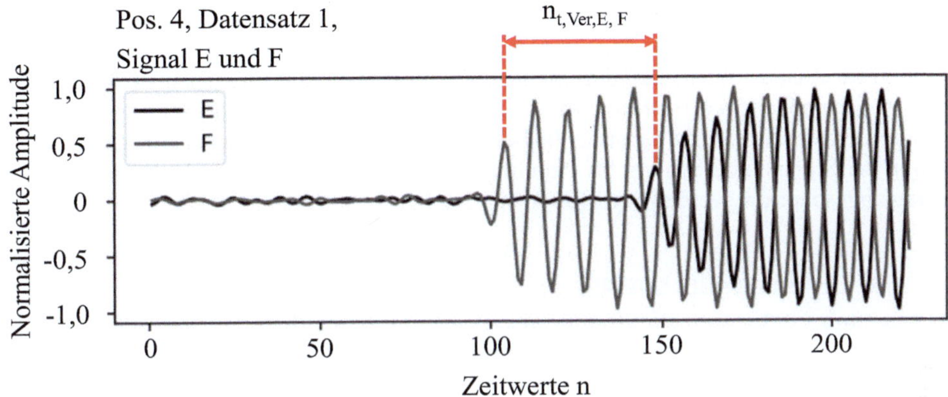

Laufzeitunterschied zwischen Signal E und F ist identifizierbar: $n_{t,\mathrm{Ver},E,F}$

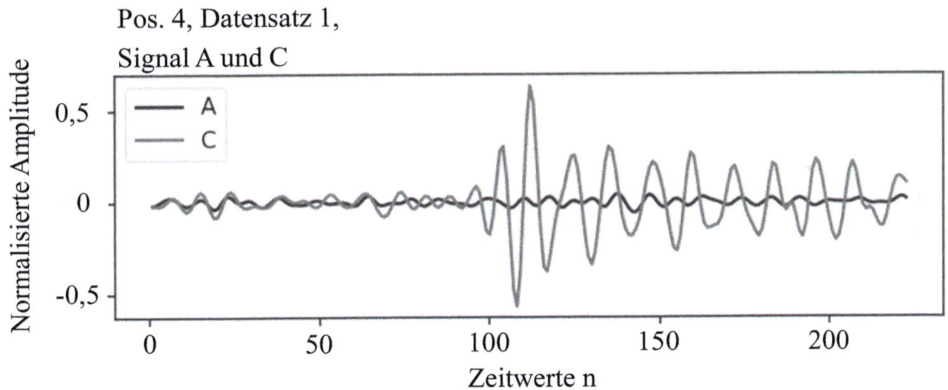

Laufzeitunterschied zwischen Signal A und C ist nicht identifizierbar.

Abbildung 5.26: Grafischer Vergleich von jeweils zwei Signalpaaren (E und F, oben und A und C, unten) zur Verdeutlichung des Einflusses der Signalqualität auf die Bestimmung des Laufzeitunterschiedes $n_{t,\mathrm{ver}}$

Das linke Diagramm von Abbildung 5.26 zeigt den Vergleich der zwei Signale der Sensoren E und F. Die Qualität der Signale ist gut, es kann durch den Signalvergleich der Laufzeitunterschied berechnet werden. Auf der rechten Seite ist der Vergleich von Signal A und C dargestellt, dabei ist das Signal C mit einem starken Anteil von Rauschen nachweislich eine Aufzeichnung mit geringer Qualität. Die Darstellung zeigt, dass die Signale sich trotz Normalisierung stark unterschiedliche Signaturen aufweisen, sodass der

Vergleich keine Identifikation des Laufzeitunterschiedes ermöglicht. Eine Lokalisierung ist somit nicht möglich. Vor dem Einsatz des Monitoringsystems ist daher immer auf eine gute Schnittstelle zwischen Sensor, Kabel und AD-Wandler sowie auf einen einheitlichen Signalpegel zu achten. Die Signalpegel lassen sich am AD-Wandler je Kanal analog einstellen. Ein einheitlicher Signalpegel auf allen Kanälen ist mit einer Kalibrierungsprozedur zu erreichen. Hierbei wird ein Referenzsignal zentral in der aufgespannten Monitoringebene emittiert und mittels Aufnahmesoftware ein einheitlicher Pegel auf jedem Kanal eingestellt. Zusätzlich ist darauf zu achten, die Vorverstärkung möglichst neutral einzustellen. Eine hohe Vorverstärkung führt zur Signalübersteuerung und somit zu einer nichtlinearen, verzerrten Signalsignatur. Insbesondere transiente akustische Ereignisse erzeugen in der Signalaufzeichnung für Pegelmaxima, diese können durch die Signalübersteuerung abgeschnitten werden (vgl. [80]).

Definition des Monitoringkonzeptes

In Abschnitt 5.2.3 wurde ein Monitoringkonzept unter Laborbedingungen entwickelt, mit dem die Lokalisierung von akustischen Ereignissen möglich ist. Die Laborbedingungen sind durch die Emissionen von AE mittels Lautsprechersystem charakterisiert, die bei der Entstehung von Defekten im LPA-Prozess auftreten. Die Lokalisierung folgt dabei dem Ansatz des TDOA-Verfahrens, bei dem Laufzeitunterschiede von mind. 3 unabhängigen Sensoren auf bekannten Positionen zur Berechnung des Signalursprungs genutzt werden. Das Verfahren wurden softwareseitig mittels Python implementiert. Als Zielgröße in der Entwicklungsphase wurde die Lokalisierungsleistung genutzt. Sie wurde definiert durch den visuellen Vergleich der Lokalisierungsergebnisse in der 2D-Ebene sowie durch die Bewertung der quantifizierten Lokalisierungskennzahlen: mittleres Lokalisierungsergebnis, mittlere Abweichung des Lokalisierungsergebnisses und Standardabweichung des Lokalisierungsergebnisses. Das Konzept, welches zur besten Lokalisierungsleistung geführt hat, ist nachfolgend tabellarisch zusammengefasst.

Tabelle 5.11: Zusammenfassung des entwickelten Monitoringkonzeptes

Hardware

Sensoren (Typ, Anzahl, Anordnung)	-	Richtmikrofon (Typ: Sennheiser 600MKE)
	-	die Erhöhung der Sensoranzahl hat die Belastbarkeit der Lokalisierungsergbnisse verbessert. Mit 6 Sensoren wurde das beste Lokalisierungsergebnis erzielt.
	-	in kreisförmiger, symmetrischer Anordnung mit 3 radialen Monitoringachsen und 3 Sensorpaaren
AD-Wandler (Typ, Abtastrate, Vorverstärkung)	-	AD-Wandler mit mind. 6 unabhängigen Eingängen für Sensoren und einer seriellen Verbindung zur Recheneinheit
	-	eine Abtastrate von 96 kHz erfüllt das Nyquist-Theorem und wird vom AD-Wandler verwendet
	-	Signalpegelkalibrierung ist erforderlich für einheitliche Signalpegel
	-	geringe Signalvorverstärkung und Verhinderung von Signalübersteuerung ist erforderlich,
Datenverarbeitung	-	Rechner mit tech. Spezifikationen für gewöhnliche Büroaufgaben

Software

Datenakquise	-	Programm zur gleichzeitigen Steuerung von mind. 6 Signalspuren ist erforderlich (z.B. mit dem Programm *Reaper*)
	-	Signalanalyse in *Python* mit den folgenden Bibliotheken: *numpy, pickle, pandas, SciPy, matplot, math*
Berechnungsgrundlage TDOA	-	die automatisierte Berechnung des Laufzeitunterschiedes zwischen zwei Signalen wurde mittels Python umgesetzt. Die besten Lokalisierungsergebnisse wurden mit dem Signalvergleich nach der quadrierten Differenzmethode erzielt.
Signalfilter	-	die Filterung der Signale mittels Bandpassfilter (Typ: Butterworth, untere Grenzfrequenz: 10 kHz, obere Grenzfrequenz: 14 kHz) ist notwendig

Lokalisierungsleistung

Lokalisierungsergebnis	-	mittlere Abweichung: 6,61 mm
	-	Standardabweichung: 2,17 mm
	-	geringe Streuung in allen Lokalisierungsversuchen
	-	einheitliches Lokalisierungsergebnis in der 2D-Monitoringebene
Einschränkungen	-	transiente AE in der Umgebung verfälschen das Lokalisierungsergebnis
	-	einheitliche Signalqualität ist erforderlich, der Vergleich von zwei Signalen mit ungleicher Qualität führt zur fehlerhaften Lokalisierung

Mit dem entwickelten Monitoringkonzept kann eine sehr gute Lokalisierungsleistung erreicht werden. Die erreichte Lokalisierungsleistung unter Laborbedingungen ist ausreichend, um kritische Defekte im Prozessraum eines LPA-Systems zu lokalisieren. Während des LPA-Prozesses könnten diese akustischen Ereignisse separaten Bauteilen in einem Baujob zugeordnet werden. Somit wäre die Unterscheidung zwischen defekten und intakten Bauteilen möglich. Für eine genaue Ortsauflösung von Defekten innerhalb eines kleinen Bauteiles reicht die Genauigkeit des entwickelten Monitoringkonzeptes nicht aus. Das entwickelte Monitoringkonzept ist in Abbildung 5.27 schematisch und reell dargestellt.

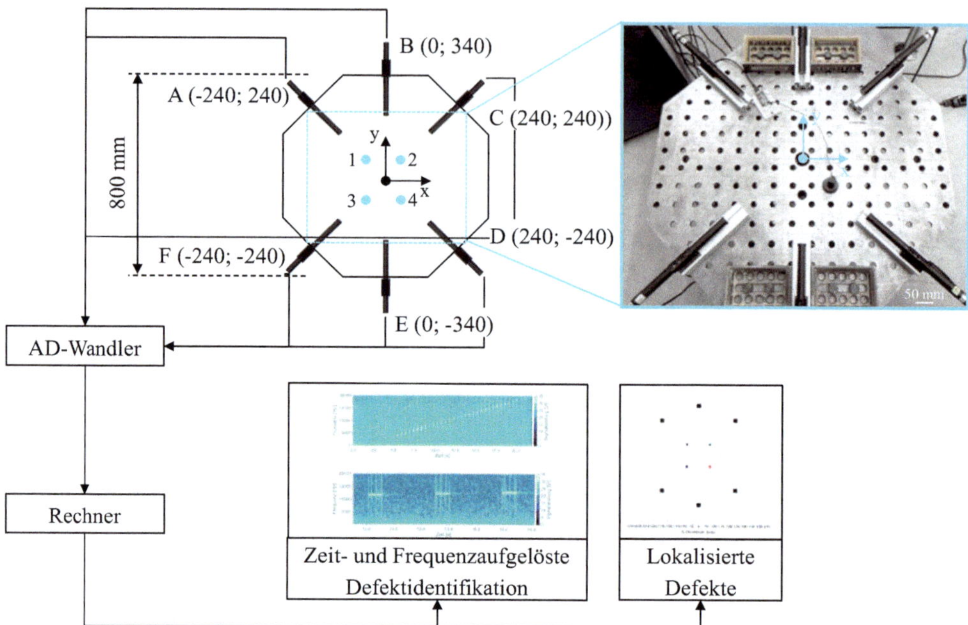

Abbildung 5.27:　Schematische Darstellung des Monitoringkonzeptes mit Detailansicht des Monitoringbereiches im Laborumfeld

Im nächsten Schritt muss der Einsatz des Monitoringkonzeptes unter realen Prozessbedingungen während des LPA-Prozesses untersucht und validiert werden. Hierzu muss das Konzept in die reale Prozessumgebung transferiert werden. Der Transfer, die weiterführende Untersuchung von Maßnahmen, die durch den Transfer notwendig sind, sowie die finale Erhebung der Lokalisierungsleistung findet im Abschnitt 6 statt.

6 Konzeptvalidierung

Die Validierungsphase beinhaltet die Validierung der entwickelten Monitoringkonzepte auf Basis von Kapitel 5. Ergebnis des folgenden Kapitels sind validierte Monitoringsysteme der Teilsysteme I und II, dessen Monitoringleistung unter In-Prozess Bedingungen untersucht wurden. Die Zusammenführung der Teilsystem ergibt ein gesamtes In-Prozess Monitoringsystem zur Überwachung von akustischen Emissionen und Einordnung von kritischen akustischen Ereignissen im LPA-Prozess.

6.1 In-Prozess Fähigkeit von Teilsystem I

Das zeit- und frequenzaufgelöste Monitoringkonzept (Teilsystem I) wurde direkt unter realen Prozessbedingungen entwickelt, da die Konzeption unter Laborbedingungen als wenig sinnvoll eingeordnet wurde. Eine Übertragung in die LPA-Prozessumgebung ist daher nicht notwendig. Zur Validierung muss jedoch die In-Prozess Fähigkeit des in Kapitel 5.1 entwickelten Konzeptes bewertet werden. Die Analyse der AE erfolgt durch Skripte, die mittels Python erstellt wurden. Jedes Skript lässt sich automatisieren und so programmieren, dass während des Prozesses AE analysiert werden. Den höchsten Rechenaufwand erfordert dabei die Transformation des zeitaufgelösten Signals in ein frequenzaufgelöstes Signal. Als Transformationsansatz hat sich die STFT als effizient herausgestellt (vgl. 5.1.2). Zur Bewertung der In-Prozess Analysefähigkeit wird das Python-Skript zu angepasst, dass es als Programm parallel zum LPA-Prozess laufen kann und ein Live-Spektrogramm ausgibt. Hierfür sind die folgenden Maßnahmen notwendig, um die Leistungsfähigkeit und Effizienz der Berechnung zu erhöhen:

- Verwendung von *PyQtGraph Python*-Bibliothek anstelle von *Matplot*-Bibliothek
- Verwendung der Funktion *numpy.fft.rfft()* anstelle der *SciPy*-Bibliothek, da die Funktion *Numpy*-Arrays effizienter handhabt als das Pendant der *SciPy*-Bibliothek

Das AE-Signal wird analog konventionell akquiriert und gespeichert, um es nach dem Prozess zu analysieren. Die Gegenüberstellung der beiden Ansätze gilt als Evaluationsgrundlage zur Bestimmung der Eignungsfähigkeit des Analyseansatzes im In-Prozess Monitoringsystem. Die Gegenüberstellung der beiden erzeugten Spektrogramme ist in Abbildung 6.1 dargestellt.

© Der/die Autor(en), exklusiv lizenziert an
Springer-Verlag GmbH, DE, ein Teil von Springer Nature 2026
J. U. Weber, *Sensorische Prozessführung für das Laser-Pulver-Auftragschweißen*,
Light Engineering für die Praxis, https://doi.org/10.1007/978-3-662-73162-8_6

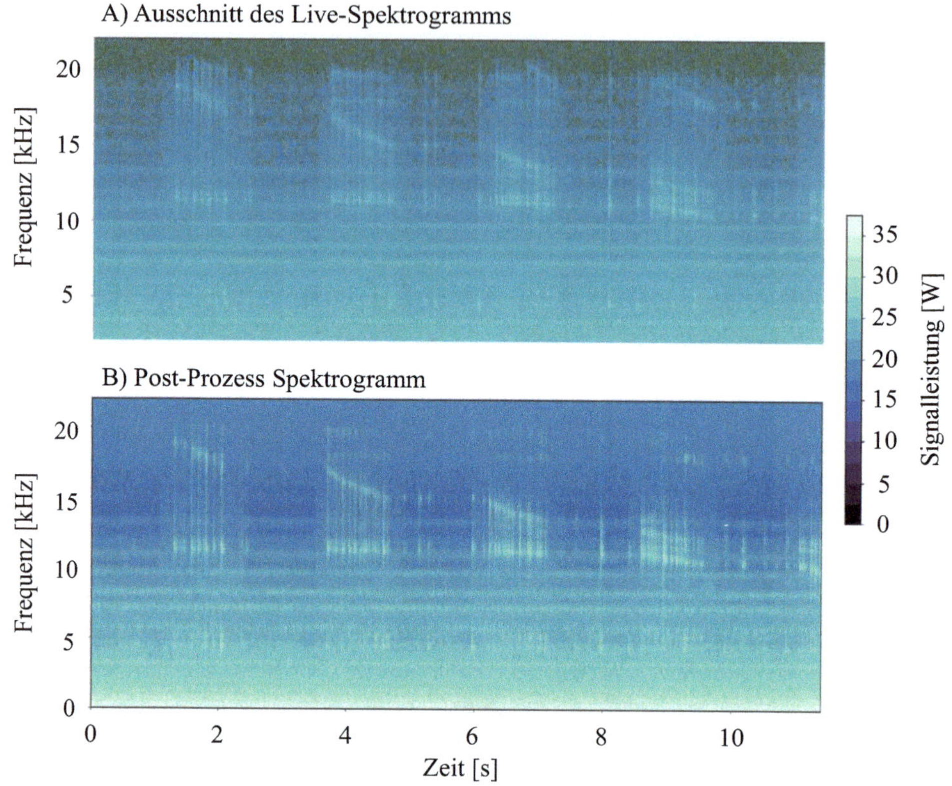

Abbildung 6.1:   Gegenüberstellung des Live-Spektrogramms (A) zum Spektrogramm aus der nachgelagerten Datenanalyse (B) zur Bewertung der In-Prozess-Fähigkeit des Monitoringsystems und -verfahrens

Im Vergleich zeigt sich, dass das nachträglich erstellte Spektrogramm die Spitzen mit höherem Kontrast darstellt als das Echtzeit-Spektrogramm. Insbesondere die schwächeren Frequenzkomponenten der Anomalie in den unteren und oberen Frequenzbereichen heben sich deutlicher vom Hintergrundsignal ab. Ebenso ist der Kontrast der Linien bei 7, 8 und 9,5 kHz im nachträglich erstellten Spektrogramm ausgeprägter. Dennoch ist erkennbar, dass im Wesentlichen alle Spitzen durch beide Spektrogramme erfasst werden.

Es wird angenommen, dass der geringere Kontrast auf die Umstellung der verwendeten *Python*-Bibliotheken zurückzuführen ist. Die *PyQtGraph Python*-Bibliothek nutzt eine Farbkodierungen, die sich zwar an die Farbkodierung der *Matplot*-Bibliothek anlehnt, jedoch weniger Abstufungen besitzt.

Abgesehen von dieser farblichen Abweichung lässt sich feststellen, dass beide Spektrogramme ein sehr ähnliches Erscheinungsbild aufweisen. Die Unterschiede werden vor allem im direkten Vergleich deutlich. Insgesamt ist die Darstellungsqualität des Echtzeit-Spektrogramms als gut zu bewerten: Alle transienten Ereignisse sind klar erkennbar und der Kontrast ist ausreichend, um Informationen schnell zu erfassen. Die Automatisierbarkeit der AE-Analyse sowie die Fähigkeit des Monitoringsystems und -verfahrens zur In-Prozess-Überwachung werden als gegeben betrachtet. Dennoch ergibt sich durch die

Verwendung eines Live-Spektrogramms eine Einschränkung: Die vorhandenen Rechensysteme sind lediglich in der Lage, die letzten 12 Sekunden des AE-Signals zu analysieren und darzustellen. Daher muss innerhalb dieser 12 Sekunden bei der Identifikation eines kritischen AE-Ereignisses eine prozesssteuernde Maßnahme ergriffen werden, wie beispielsweise ein vollständiger Prozessabbruch oder eine Prozessunterbrechung mit anschließender detaillierter Untersuchung.

Durch die Bestätigung der zeit- und frequenzaufgelösten Analyse der AE-Signale während des LPA-Prozesses, welche die Identifikation relevanter akustischer Ereignisse ermöglicht – insbesondere kritischer AE-Ereignisse, die charakteristische Defektfrequenzen enthalten und mit der Bildung von Delaminationsdefekten korrelieren – wird das Monitoringsystem und -verfahren als validiert und fähig für das In-Prozess-Monitoring betrachtet. Die Forschungsfrage II gilt somit als beantwortet.

6.2 In-Prozess Fähigkeit von Teilsystem II

Zur Validierung des ortsaufgelösten Monitoringkonzeptes muss das Konzept zunächst auf realen In-Prozess Bedingungen übertragen werden (Abschnitt 6.2.1). Mit der Integration des Monitoringkonzeptes in die LPA-Prozessumgebung müssen zunächst zusätzliche Maßnahmen evaluiert werden, um schließlich die Lokalisierungsleistung bewerten zu können und Einschränkungen des validierten Monitoringsystems definieren zu können.

6.2.1 Übertragung auf In-Prozess Monitoringsystem

Die Validierung des Monitoringkonzeptes ist definiert als Übertragung und Validierung des Konzeptes von Laborbedingungen hin zu realen LPA-Prozessbedingungen. Der Ablauf ist in Abbildung 6.2 skizziert.

Das Konzept zur zeit- und frequenzaufgelösten Analyse von AE wurde bereits unter realen Prozessbedingungen entwickelt und untersucht. Eine Übertragung und dedizierte Untersuchung der Nutzbarkeit ist daher nicht notwendig. Das entwickelte Lokalisierungskonzept wurde unter Laborbedingungen entwickelt und muss daher hinsichtlich der realen Prozessbedingungen abschließend untersucht und validiert werden. Zur Übertragung werden zunächst Herausforderungen aus den Prozesseigenschaften sowie Maßnahmen definiert. Orientiert an den Herausforderungen und Maßnahmen wird eine neue LPA-Prozesskammer aufgebaut, welche die Sensorsysteme integriert und das vollständige AE Monitoring im LPA-Prozess ermöglicht. Die Nutzbarkeit des Monitoringsystems wird mit zwei Validierungsversuchsreihen untersucht und abschließend bewertet.

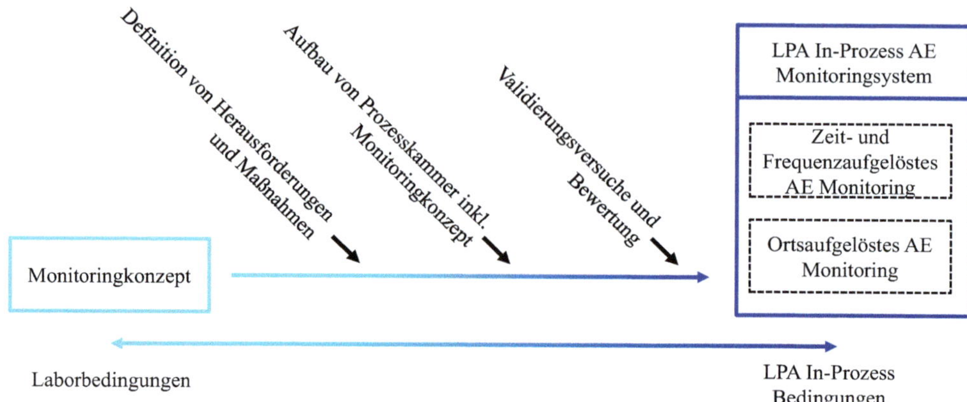

Abbildung 6.2: Definition der Validierungsphase und Darstellung des schematischen Ablaufs

<u>Herausforderungen und Maßnahmen für die Konzeptübertragung</u>

Die Herausforderungen und Maßnahmen leiten sich aus der Prozesscharakterisierung und den definierten Anforderungen an das Monitoringsystem (vgl. Abschnitt 4.5.3 und 4.5.4) ab. Im Folgenden werden die Effekte – auf Basis der durchgeführten Versuche und Recherche – der einzelnen Einflussgruppen abgeschätzt. Je nach Effektstärke werden zusätzliche Maßnahmen zur präventiven Abschwächung der Effekte skizziert.

- **Umgebungsgeräusche**: Die realen Umgebungsgeräusche beim LPA-Prozess können die Lokalisierungsleistung erschweren. Luftschall- und Festkörperschallschwingungen können zu Abweichung in der Lokalisierung führen. Das Monitoringkonzept wurde auf Basis von In-Prozess AE entwickelt, die Lokalisierung jedoch nicht. Die Identifikation von relevanten AE sollte daher weiterhin möglich sein. Bei einer neuen AE-Signatur, können die Filterparameter als Maßnahme angepasst werden.
- **Temperatur**: Durch den LPA-Prozess entstehen höhere Umgebungstemperaturen, die einerseits die verwendeten Sensoren beschädigen können. Üblicherweise können Sensoren robust bis zu einer Maximaltemperatur arbeiten. Andererseits ändert sich durch die veränderte Temperatur die Dichte der Atmosphäre in der Prozesskammer. Die Dichte hat einen direkten Einfluss auf die Berechnung der Distanzunterschiede. Sie wird im Monitoringkonzept unter Normalbedingungen (Umgebungstemperatur: 293,15 K, Luftdruck: 1,01325 bar) berechnet. Der Temperaturanstieg ist maßgeblich abhängig von der verwendeten Leistung und der Prozesszeit. Bei einer Laserleistung von 1500 W konnte eine Umgebungstemperatur von bis zu 100°C festgestellt werden [149, 150]. In Voruntersuchungen konnte ein Anstieg der Umgebungstemperatur in der LPA-Prozessumgebung (200 mm radiale Distanz zum Schmelzbad) auf bis zu 50°C festgestellt werden. Laut Datenblatt können die Sensoren in einem Temperaturbereich zwischen -10° und 60°C sicher betrieben werden [141]. Zur Einschätzung des Effektes auf die Lokalisierungsgenauigkeit wird im Unterkapitelabschluss eine Fehlerabschätzung basierend auf der Änderung der Gasdichte durchgeführt.

- **Schutzgasatmosphäre**: Bei der Verarbeitung von sauerstoffreaktiven Materialien wird der LPA-Prozess üblicherweise unter Schutzgasatmosphäre durchgeführt. Als Schutzgase werden inerte Gase eingesetzt; bei der Verarbeitung von Ti wird i.d.R. Argon als Inertgas verwendet. Als Richtwert wird beim LPA-Prozess ein Restsauerstoffgehalt von 100 ppm ($\equiv$ 0,01 % O_2) verwendet. Diese Zusammensetzung wirkt sich auf die Gasdichte und somit auf die Ausbreitungsgeschwindigkeit von Schall in Luft aus. Eine Fehlerabschätzung wird bei der Betrachtung der Gasdichte im Unterkapitelabschluss durchgeführt.

- **Metallpulver**: Während des LPA-Prozesses breiten sich nicht aufgeschmolzene Metallpulverpartikel in der Prozessatmosphäre aus und lagern sich in der Umgebung ab. Die Sensoren müssen vor Metallpulverpartikeln geschützt werden, da sonst die Beschädigung der Sensoren droht. In den Vorversuchen hat sich der Schutz vor Metallpulverpartikeln mittels Gummiüberzugs bewährt. Die Gummiüberzüge bestehen aus synthetischem Nitrilkautschuk und sind bis ca. 100°C temperaturbeständig. Zusätzlich entstehen durch das Auftreffen der Metallpulverpartikel auf dem Substratmaterial und im Schmelzbad AE, die zu Störfrequenzen und einer fehlerhaften Lokalisierung führen können. Da die akustische Signatur in der Konzeptphase erfolgreich herausgefiltert werden konnte, wird kein signifikanter Effekt erwartet.

- **Störgeometrien**: Beim Aufbau von hohen LPA-Strukturen entstehen Störgeometrien im Bauraum, die ungünstige Rückreflektionen der AE bewirken können. Zusätzlich sind die Wände der Prozesskammer als Störgeometrie anzusehen, da diese ebenfalls ungünstige Rückreflektionen der AE erzeugen können und einen negativen Einfluss auf die Lokalisierungsleistung haben können. Um die Rückreflektionen durch die Wände zu minimieren, sind schallabsorbierende Elemente sinnvoll und werden daher beim Aufbau der Prozesskammer berücksichtigt. Störgeometrien, die durch den Aufbau der LPA-Strukturen entstehen, werden als vernachlässigbar angenommen, da diese durch den schichtweisen Strukturaufbau nie höher als der LPA-Prozess sein können.

- **Gasdichte**: Die Gasdichte hat einen Einfluss auf die Ausbreitungsgeschwindigkeit von Schallwellen in Luft und wird beeinflusst durch den Gasdruck P, die molare Masse M, die universelle Gaskonstante R und die Temperatur T. Die Ausbreitungsgeschwindigkeit wird verwendet, um die Distanzen in der Lokalisierung zu berechnen. Nachfolgend wird eine Fehlerabschätzung durchgeführt. Die die sich ändernde Gasdichte berücksichtigt. Relevant sind hierbei die Berechnung der Gasdichte (6.1), die Berechnung der Ausbreitungsgeschwindigkeit von Schall in Gasen (6.2) und die Berechnung der minimalen Lokalisierungsauflösung auf Basis der diskreten Signalverschiebung zwischen zwei Signalen (6.3).

$$\rho_{Gas} = \frac{PM}{RT} \tag{6.1}$$

$$c_S = \sqrt{\frac{\gamma RT}{M}} \tag{6.2}$$

$$d_{AB} = \frac{n_{t,ver,AB}}{f_s}\, c_S \tag{6.3}$$

Die resultierende Fehlerabschätzung ist zusammengefasst in Tabelle 6.1. Es werden 3 Szenarien für die Prozessatmosphäre betrachtet. Einerseits das **Szenario unter Normalbedingungen (S1)**, das als Referenz der Konzeptentwicklungsphase betrachtet wird. Als zweites wird ein **Szenario unter Schutzgasatmosphäre (S2) ohne Temperaturänderung** betrachtet und zuletzt wird das **Szenario unter Schutzgasatmosphäre und Temperaturanstieg (S3)** betrachtet, wie es unter realen LPA-Prozessbedingung der Fall ist.

Tabelle 6.1:   Fehlerabschätzung der Lokalisierungsleistung bei sich ändernder Gasatmosphäre

Tech. Größe	Einheit	S1	S2	S3
Luftdruck P	$[Pa = N/m^2]$	101300	101300	101300
Molare Masse des Gases M	$[kg/mol]$	0,02869	0,03995	0,03995
Uni. Gaskonstante R	$[J/molK]$	8,314	8,314	8,314
Temperatur T	$[K]$	293,15	293,15	343,15
Adiabatenexponent γ	$[\ ]$	1,4	1,67	1,67
Min. Signalverschiebung $n_{t,ver,AB}$	$[\ ]$	1	1	1
Abtastrate f_s	$[Hz = 1/s]$	96000	96000	96000
Gasdichte ρ	$[kg/m^3]$	1,2037	1,6605	1,4185
Ausbreitungsgeschwindigkeit c_s	$[m/s]$	343,25	319,19	345,34
Min. Lokalisierungsauflösung $d_{AB,min}$	$[mm]$	3,58	3,32	3,60
Abweichung	$[\%]$	-	- 7,0 %	0,6 %

Die Gasdichte ρ, die Ausbreitungsgeschwindigkeit c_s und die min. Lokalisierungsauflösung $d_{AB,min}$ ändern sich durch die realen Prozessszenarien. Die min. Lokalisierungsauflösung ändert sich im LPA In-Prozess Szenario um 0,6 % und steigt auf 3,60 mm. Durch die Erhöhung der Umgebungstemperatur werden Abweichung resultierend aus der Gaszusammensetzung verringert. Der resultierende Fehler durch die sich ändernde Gasatmosphäre wird als sehr gering eingestuft. Eine Anpassung der Kalibrierung ist denkbar, aber nach der Fehlerabschätzung nicht notwendig.

<u>Aufbau des In-Prozess Monitoringsystems</u>

Der Aufbau leitet sich maßgeblich aus dem entwickelten Monitoringkonzept mit 6 Sensoren und der sechseckigen Anordnung der Sensoren ab. Zusätzlich müssen die zuvor beschriebenen Herausforderungen berücksichtigt und adressiert werden, die bei LPA-Prozessen auftreten. Für die Integration in eine LPA-Prozessumgebung muss eine neue Prozesskammer aufgebaut werden. Die Prozesskammer ist bei pulverbasierten Auftragschweißverfahren sinnvoll, um einerseits schnell eine Schutzgasatmosphäre zu erzeugen und andererseits das feine Metallpulver aufzufangen. Die Prozesskammer wird aus Blechen aufgebaut und besitzt die folgenden Eigenschaften:

-   Die Blechkonstruktion ist so konzipiert, dass sie ein Sensoranordnungskonzept integriert. Es handelt sich um eine achteckige Prozesskammer, gefertigt aus Aluminiumblechen.
-   Die Sensoren können geometrisch präzise in die Prozesskammer integriert werden. Die einheitliche Positionierung der Sensoren erfolgt über eine Lehrvorrichtung.
-   Die Montage der Sensoren erfolgt schwingungsentkoppelt durch den Einsatz von Dämpfungselementen.
-   Die Prozesskammer ist in den Schweißraum integrierbar, wobei die Sensoren über Kabel an ein externes Datenverarbeitungssystem außerhalb der Schweißkammer angeschlossen sind.
-   Die Sensoren sind durch enganliegende Gummiüberzüge wirksam vor Metallpulver geschützt.
-   Ein an den Innenseiten der Prozesskammerwände integriertes metallisches Drahtnetz dient als Schallabsorber, um Störgeräusche durch Rückreflektionen zu reduzieren.

Der Versuchsaufbau wird in Abbildung 6.3 dargestellt.

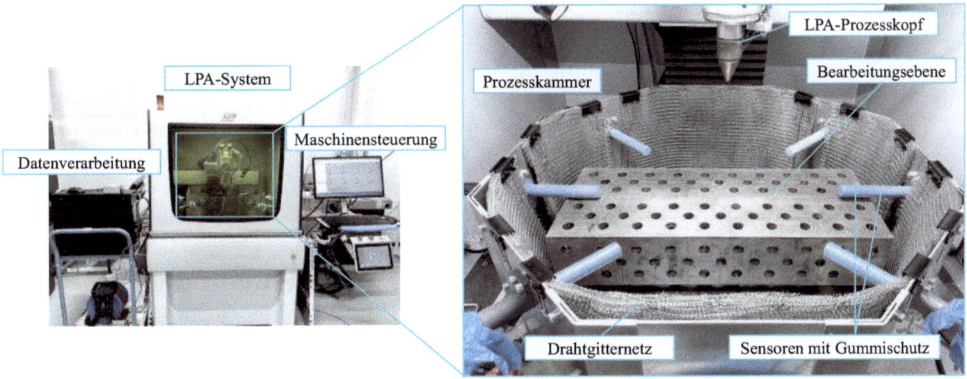

Abbildung 6.3:   Versuchsaufbau mit neu entwickelter Prozesskammer für die LPA In-Prozess Untersuchung des Monitoringsystems

Bei der Integration des Monitoringsystems in die Prozesskammer und Umsetzung der Maßnahmen wird auf die korrekte Positionierung und Ausrichtung der Sensoren geachtet. Hierzu kommen hierfür entwickelte Lehren zu Einsatz, die die gewünschte Soll-Position und Ausrichtung der Sensoren garantieren. Um die Passgenauigkeit des Systems vor der Durchführung der In-Prozess Versuche zu prüfen, werden Kalibrierungsversuche mit dem omni-direktionalen Lautsprechersystem durchgeführt. Der Lautsprecher wird auf vier Positionen installiert und aktiviert. Die AE werden aufgenommen, analysiert und lokalisiert. Ein Ausschnitt der Ergebnisse ist in Abbildung 6.4 dargestellt.

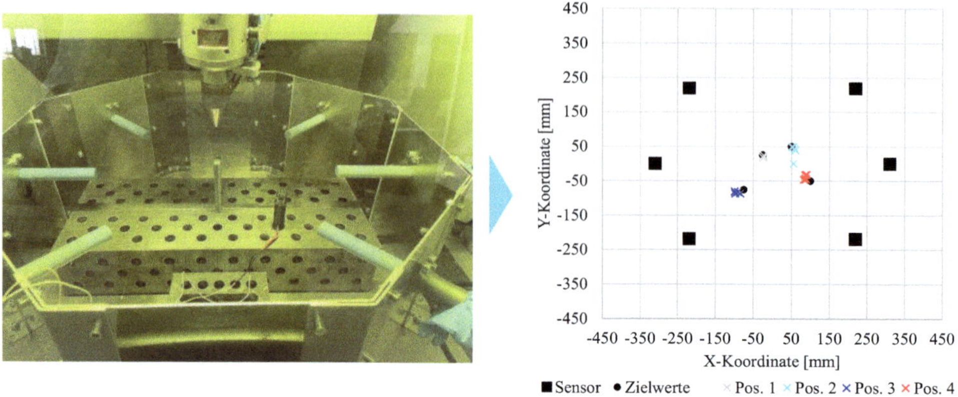

Abbildung 6.4:   Kalibrierversuche des Monitoringsystems in neu aufgebauter Prozesskammer (links) und Lokalisierungsergebnisse von Prüfversuchen (rechts)

Die Bewertung der Versuchsergebnisse beruht auf einer visuellen Analyse der Lokalisierungsergebnisse. Dabei kann eine hohe Genauigkeit und eine geringe Streuung festgestellt werden. Es ist kein systematischer Fehler erkennbar, der die Einführung eines Kalibrierungsfaktors notwendig machen würde. Somit kann das System ohne weitere Änderungen für die LPA In-Prozess Untersuchung eingesetzt werden.

Versuchsablauf

Die Validierungsversuche orientieren sich an der Versuchsphase an den LPA-Versuchen, die als initiale Untersuchung des LPA-Prozesses und der Defektentstehung durchgeführt wurden. Es werden flache LPA-Strukturen bestehend aus NiTi auf Ti-Substratplatten aufgetragen, die sich an der Geometrie von metallischen Dichtflächen orientieren. Die LPA-Strukturen besitzen eine Grundfläche von 10 x 5 mm² und bilden sich aus 3 Schichten je 0,18 mm Schichthöhe aus. Der LPA-Prozess wird mittels *Nd:YAG*-Laser mit einer durchschnittlichen Laserleistung von 150 W und einem Fokusdurchmesser von 0,48 mm durchgeführt. Die Schweißgeschwindigkeit beträgt 8 mm/s, das Pulver wird mit einem Pulvermassenstrom von 11,5 g/min zugeführt.

In der **ersten Versuchsphase (V-I)** werden je Baujob 4 LPA-Strukturen auf vier unabhängigen Substratplatten aufgebaut. Die kleinen Substratplatten besitzen eine Grundfläche von 60 x 30 mm². Sie sind auf dem Schweißtisch innerhalb der LPA-Prozesskammer platziert, die Werkzeugbahn des LPA-Prozesskopfes wird offline einprogrammiert und mit den Substratplatten referenziert. Der LPA-Prozess wird nach vollständiger Einrichtung vollständig automatisiert durchgeführt. Während des Prozesses bilden sich Defekte, die mittels akustischem Monitoringsystem aufgenommen werden. Es werden insgesamt 11 Versuchsgenerationen durchgeführt. In jeder Generation werden verschiedene Maßnahmen eingeführt, um dessen Einflüsse zu untersuchen. Die Anordnung der LPA-Strukturen in der Prozesskammer sind in Abbildung 6.8 skizziert.

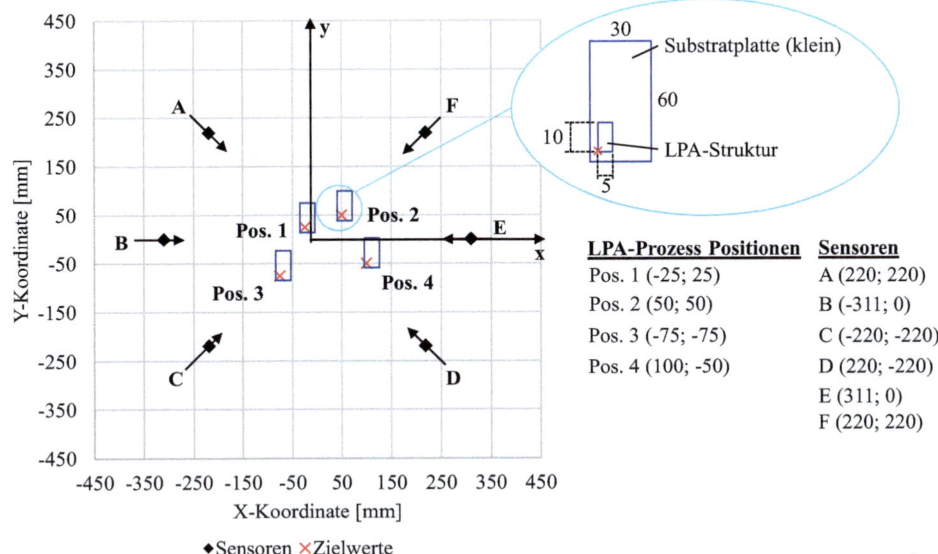

Abbildung 6.5:   Schematische Anordnung von Versuchsreihe I (V-I) mit der Verwendung von kleinen, separaten Substratplatten in der LPA-Prozesskammer (Draufsicht)

Die akquirierten Signalspuren werden gefiltert und analysiert. Für jedes identifizierte AE-Ereignis werden Signalsegmente aufbereitet, die vom Lokalisierungsskript verarbeitet werden können. Das Skript gibt die berechneten x- und y-Koordinaten der AE-Events aus. Je Position werden in Versuchsphase I insgesamt $n = 70$ identifiziert und gespeichert.

Entlang der Validierungsversuche werden verschiedene Maßnahmen untersucht, die auf die Maximierung der Lokalisierungsleistung abzielen. Die Untersuchung der Maßnahmen resultiert in insgesamt 10 Versuchsgenerationen, die in Tabelle 6.2 zusammengefasst werden.

Tabelle 6.2:   Untersuchte Maßnahme entlang der Validierungsversuche

#	Maßnahme	Beschreibung
0	Referenzgeneration	Die Versuche wurden ohne zusätzliche Maßnahmen durchgeführt.
1	Einheitliche Signalsegmentierung mit ± 0,5 s um AE-Peak	Die Signalsegmente wurden einheitlich und gleichmäßig auf 1 s geschnitten. Vor und nach dem AE-Peak wurden jeweils 0,5 s hinzugefügt.
2	Zusätzliche, individuell angepasste Vorfilterung des AE-Signals (manuell)	Ein zusätzlicher Filter wurde manuell auf das bereits gefilterte Signal angewendet. Dieser wurde manuell auf das zu hörende Signal eingestellt.
3	Anpassung der Monitoringebene	Die Monitoringebene (Z-Höhe der Monitoringachsen) wurde gleichgesetzt mit der LPA-Bearbeitungsebene.

4	Werkzeugbahnanpassung des LPA-TCP (Reduktion von schnellen Bahnwechseln) zur Reduktion von Störfrequenzen	In der Grundeinstellung sind verfährt der LPA-Kopf teilweise sehr schnell zwischen den Schweißbahnen. Hierdurch werden starke Störfrequenzen im hochfrequenten Bereich emittiert. Die Bahngeschwindigkeit zwischen den Schweißbahnen wurde deshalb herabgesetzt.
5	Variation der Filterparameter	Die untere Cut-off Frequenz, obere Cut-off Frequenz und die Filterorder wurden variiert.
6	Variation der Vergleichsalgorithmusparameter	Der Schwellwert sowie die Identifikation maximal möglicher AE-Peaks wurde variiert.
7	Zusätzliche Schwingungsentkopplung der Sensoren	Die Sensoren wurden über ein zusätzliches, schwingungsdämpfendes Element an der Prozesskammer befestigt. Das Element wurde aus Thermoplastischem Polyurethan (TPU) hergestellt.
8	Drehung der Sensoren um Längsachse	Die Sensoren verfügen in den Halterelementen über zwei Freiheitsgerade: die Verschiebung entlang der Längsachse und Drehung um die Längsachse. Über eine Lehre wird die Verschiebung entlang der Längsachse kalibriert und fixiert. Die Drehung um die Längsachse wurde als zusätzliche Maßnahme fixiert und untersucht.
9	Verwendung von Schallabsorbern	Die Wände der Prozesskammer wurden mit metallischen Gitterstrukturen ausgestattet und sollen Schall absorbieren und den Reflexionsgrad verringern.
10	Einführung von Ergebnisbereinigung (Ausreißeridentifikation und Filterung dieser Werte)	Die Daten werden nachgelagert auf Ausreißer untersucht und gefiltert.

In der **zweiten Versuchsphase (V-II)** wird der Wechsel der Versuche von kleinen, separaten Substratplatten auf eine große Substratplatte untersucht. Die verwendete Systemtechnik sowie der Versuchsablauf sind identisch zur V-I. Die Versuche werden jedoch nur mit einer Konfiguration des Monitoringsystems durchgeführt. Die Erkenntnisse der untersuchten Maßnahmen werden auf die Versuchsphase II übertragen und daher nicht erneut untersucht. Es werden insgesamt 5 unabhängige Baujobs durchgeführt. Die schematische Anordnung mit einer großen Substratplatte ist in Abbildung 6.6 skizziert.

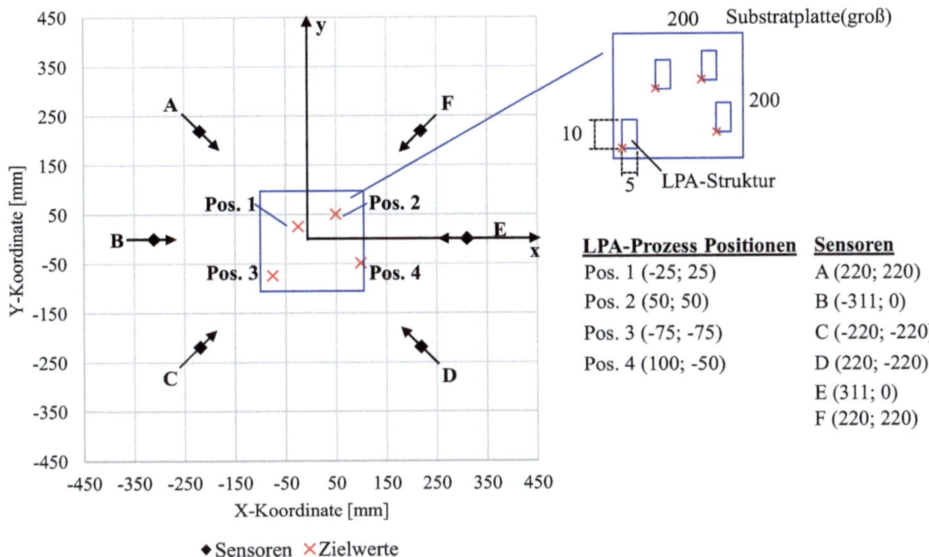

Abbildung 6.6:   Schematische Anordnung von Versuchsreihe II (V-II) mit der Verwendung von einer großen Substratplatten in der LPA-Prozesskammer (Draufsicht)

Zur Beurteilung der Validierungsergebnisse und Einordnung der neu eingeführten Maßnahmen muss das Lokalisierungsergebnis bewertet werden. Hierfür wird ein Bewertungsschema entwickelt, die Qualität der Lokalisierung wird als Lokalisierungsleistung bezeichnet.

<u>Bewertung der Lokalisierungsleistung</u>

Die Systematik der Bewertung der Lokalisierungsleistung beruht gleichgewichtet auf der visuellen Analyse des Lokalisierungsergebnisses und auf der Evaluierung von quantifizierten Kennwerten. Sie orientiert sich an der Bewertungssystematik aus der Konzeptentwicklung, vgl. Abschnitt 5. Zur visuellen Bewertung kann die Draufsicht auf die x-y-Ebene im Diagramm genutzt werden. Als quantifizierbare Kennwerte werden die folgenden Kennwerte definiert:

- Mittleres Lokalisierungsergebnis in x- und y-Dimension: $\mu_{Pos, x}, \mu_{Pos, y}$
- Mittlere Lokalisierungsabweichung in x- und y-Dimension: MAE_x, MAE_y
- Standardabweichung x- und y-Dimension: σ_x, σ_y
- Betrag der mittleren Lokalisierungsabweichung: MAE_{xy}
- Anzahl der Lokalisierungstreffer in LPA-Struktur: n_{LPA}
- Anzahl der Lokalisierungstreffer im Nahumfeld: n_{nah}
- Anzahl der Lokalisierungstreffer im Umfeld: n_{fern}

Das mittlere Lokalisierungsergebnis μ_{Pos} ergibt sich aus dem Mittelwert der berechneten x- und y-Koordinaten der AE-Events. Die mittlere Lokalisierungsabweichung ergibt sich aus der Differenz von μ_{Pos} zu den Soll-Positionen (Pos. 1, 2, 3 und 4), jeweils in x- und y-

Dimension. Die Standardabweichung wird aus der Grundgesamtheit der Datensätze gebildet und ist ein Maß für die Streuung der Lokalisierungsergebnisse. Zusätzlich wird der Betrag der mittleren Lokalisierungsabweichung MAE_{xy} ermittelt; dieser Wert wird als Genauigkeitsmaß der Lokalisierungsergebnisse verwendet.

Zusätzlich wird die Anzahl der guten Lokalisierungstreffer gezählt. Hierfür werden die Treffer innerhalb der LPA-Struktur n_{LPA}, die Treffer innerhalb des Nahumfeldes n_{nah} sowie die Treffer im Umfeld des Prozesses n_{fern} gezählt. Die Definition des Nahumfeldes und des Umfeldes orientieren sich an den verwendeten Substratplatten und wird schematisch in Abbildung 6.7 skizziert. Zusätzlich wird die Anzahl der Datenpunkte n und die Anzahl der Datenpunkte nach der Filterung n_{filt} betrachtet.

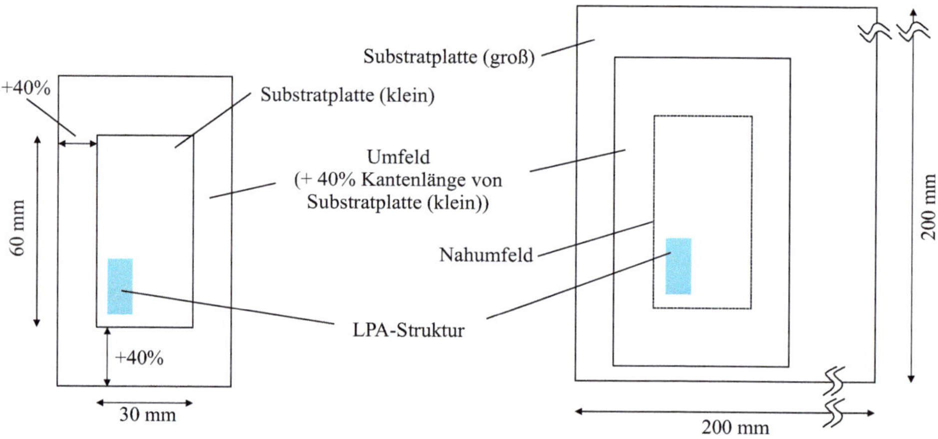

Abbildung 6.7:   Definition des Nahumfeldes und des Umfeldes vom LPA-Prozess zur Erhebung der Lokalisierungstreffer im Nahumfeld n_{nah} und im Umfeld n_{fern}

6.2.2   Validierungsergebnisse

Abbildung 6.8 zeigt einen Ausschnitt aus der ersten Versuchsreihe V-I inkl. Nahaufnahme der generierten LPA-Struktur auf einer kleinen Substratplatte. Die Delamination der LPA-Struktur ist sehr gut zu erkennen.

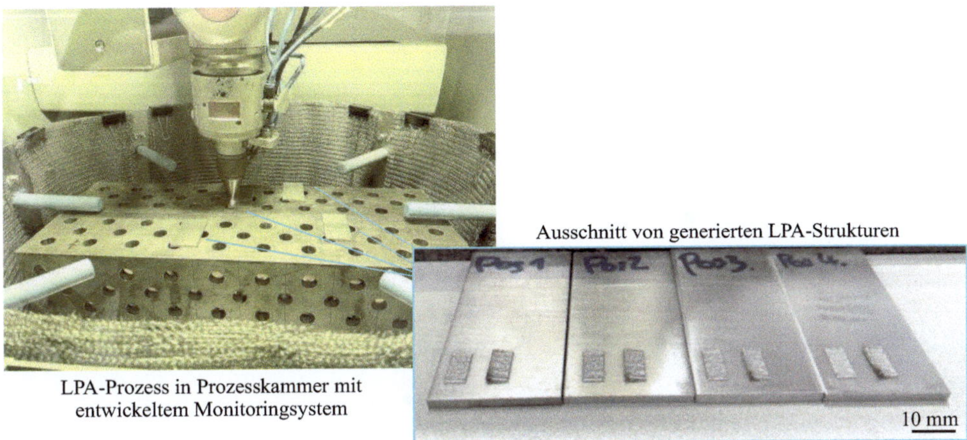

Abbildung 6.8:   Ausschnitt der Validierungsversuchsreihe V-I mit aktivem LPA-Prozess (links) und das Ergebnis der LPA-generierten Strukturen (rechts)

Die Lokalisierungsergebnisse sind grafisch aufbereitet in Abbildung 6.8 dargestellt. Die Datenpunkte der Lokalisierungsergebnisse sind als kleine Kreuze dargestellt, alle zur Pos. 1 zugehörigen Punkte in grau eingefärbt, Pos. 2 in türkis, Pos. 3 in dunkelblau und Pos. 4 in rot eingefärbt. Das mittlere Lokalisierungsergebnis μ_{Pos} je Position ist mit einem größeren Kreuz gekennzeichnet, die tatsächlichen Positionen sind mit kleinen, farblichen Kreisen dargestellt.

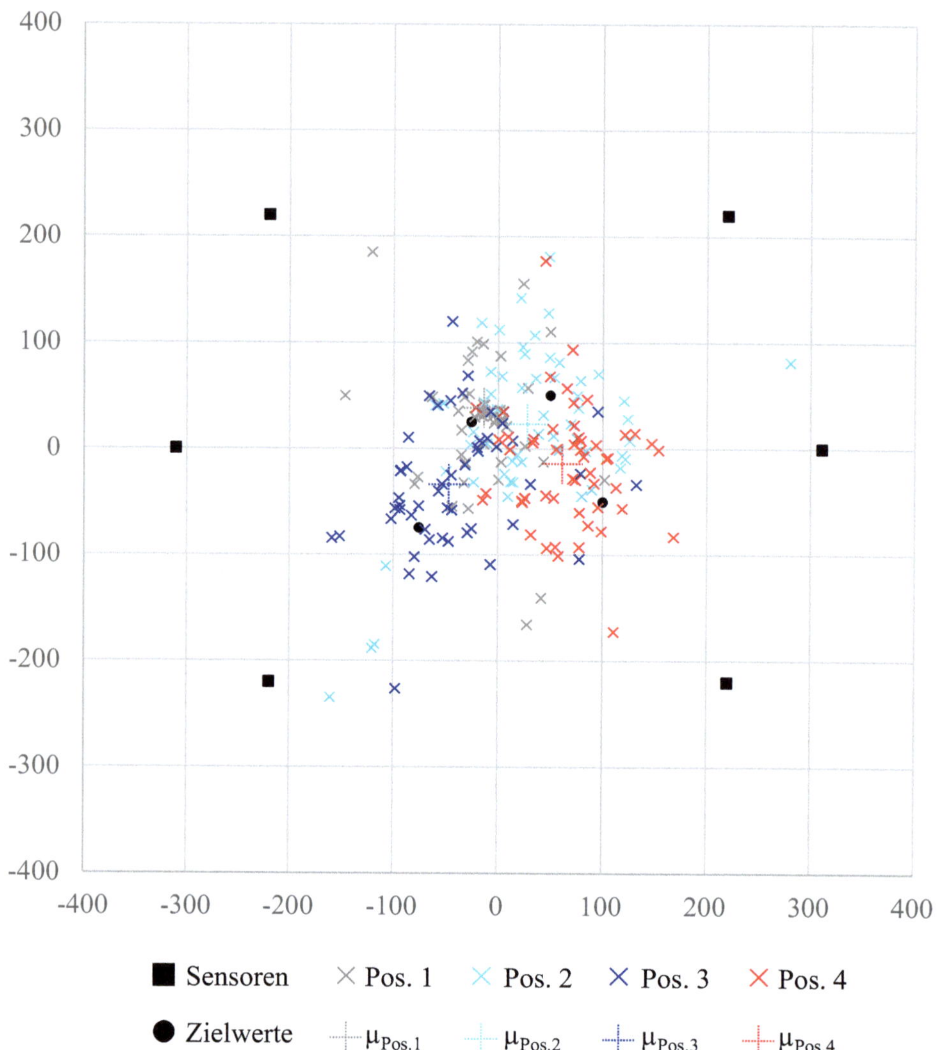

Abbildung 6.9:   Lokalisierungsergebnis von In-Prozess Validierungsversuchsphase V-I auf kleinen Substratplatten (n=70 je Position)

Das Diagramm zeigt eine Anhäufung der Datenpunkte im quadratischen Zentrum
(- 100 mm < x < 100 mm, - 100 mm < y < 100 mm). Außerhalb des Zentrums sind vergleichsweise wenig Punkte zu finden. Außerhalb des Sensorarrays sind keine Lokalisierungsergebnisse zu finden. Jeder Datenpunkt (kleines Kreuz) entspricht einem lokalisierten, akustischen Ereignis im spezifischen Frequenzband. Das stärkste Cluster und somit
die geringste Streuung ist zu erkennen bei Lokalisierungsergebnissen von Pos. 1. Das mittlere Lokalisierungsergebnis $\mu_{Pos,1}$ gleicht an dieser Stelle nahezu dem Zielort. Größer ist
die Streuung bei allen anderen Positionen. Grundsätzlich wird die korrekte Positionierung
der Substratplatten aller mittleren Lokalisierungsergbnisse μ_{Pos} dennoch angedeutet. Eine

grundsätzliche Funktionsfähigkeit kann an dieser Stelle bereits bestätigt werden. Es bedarf zur ausführlichen Bewertung der Lokalisierungsperformance jedoch die Betrachtung der Bewertungskriterien. Tabelle 6.3 fasst die zuvor definierten Bewertungskriterien zur Einordnung der Lokalisierungsleistung zusammen.

Tabelle 6.3:   Lokalisierungsergebnisse aus den Validierungsversuchen mit kleinen Substratplatten je Position (n = 70 je Position)

Pos.	Dim.	μ_{Pos} [mm]	MAE_x, MAE_y [mm]	σ_x, σ_y [mm]	MAE_{xy} [mm]	n_{LPA}	n_{nah}	n_{fern}	n
1	x	-13,50	11,50	33,69					
	y	38,12	13,12	97,87	17,45	1	28	49	70
2	x	27,60	22,40	68,14					
	y	22,97	27,03	71,41	35,11	0	4	8	70
3	x	-46,99	28,01	52,79					
	y	-33,94	41,06	62,18	49,70	0	5	15	70
4	x	61,30	38,70	43,89					
	y	-14,39	35,60	50,58	52,59	0	7	14	70
Total		-	27,18	60,07	38,71	1	44	86	280

Die Lokalisierungskennwerte quantifizieren das optische Lokalisierungsbild aus Abbildung 6.9. AE aus dem Zielbereich von Pos. 1 können mit $MAE_{xy,Pos1}$ von 17,45 mm sehr gut mit dem Monitoringsystem lokalisiert werden. Die mittlere Abweichung ist ausreichend, um viele Datenpunkte auf der kleinen Substratplatte zuzuordnen (n_{nah} = 28 Lokalisierungstreffer von n = 70 Datenpunkten gesamt). Ein Großteil der AE kann innerhalb des Umfeldes lokalisiert werden, n_{fern} = 49 von 70 lokalisierten Ergebnissen befinden sich im direkten Umfeld von Pos. 1. Gegenüber den Positionen 2, 3 und 4 ist die Lokalisierungsperformance bei Pos. 1 deutlich besser. Die Lokalisierung von AE auf Pos. 2 funktioniert mit einer Genauigkeit $MAE_{xy,Pos2}$ von 35,11 mm, bei Pos. 3 $MAE_{xy,Pos3}$ = 49,70 mm und bei Pos. 4 mit einer mittleren Genauigkeit $MAE_{xy,Pos4}$ von 52,59 mm. Hieraus lässt sich eine positionsabhängige Loklaisierungsleistung ableiten. Im Mittel können AE mit einer mittleren Genauigkeit von MAE_{xy} = 38,71 mm lokalisiert werden. Bei einer zur Verfügung stehenden Baufläche von 400 x 400 mm sind die Ergebnisse als gute Lokalisierungsergbnisse zu verstehen, eine Zuordnung von AE zu einer spezifischen LPA-Struktur bzw. einem spezifischen Bauteil sind mit dieser Genauigkeit möglich.

Grundsätzlich ist dennoch eine Streuung in den Ergebnissen erkennbar. Dies wird ebenfalls von der Standardabweichung σ_x, σ_y indiziert, die deutlich größer (~ Faktor 2) ist, als die mittlere Genauigkeit MAE_{xy}. Um die Streuung zu minimieren, ist die Entfernung von starken Ausreißerwerten sinnvoll, bspw. über eine Filtermethode, die als Zielgröße die Minimierung von σ_x, σ_y vorsieht.

<u>Ergebnisbereinigung von Ausreißerwerten</u>

Die Z-Score Methode eignet sich zur Identifikation von Ausreißerwerten. Der Z-Score berechnet für jeden Datenpunkt das Verhältnis aus Differenz von Datenpunkt x und Mittelwert μ zur Standardabweichung σ. Durch Feinjustage des Schwellwertbereiches zeigt sich, dass ein Z-Score Z für die statistische Aufgabe der Lokalisierung zwischen – 1 und

1 sinnvoll ist. Das durch die Z-Score Methode bereinigte Ergebnis ist dargestellt in Abbildung 6.10.

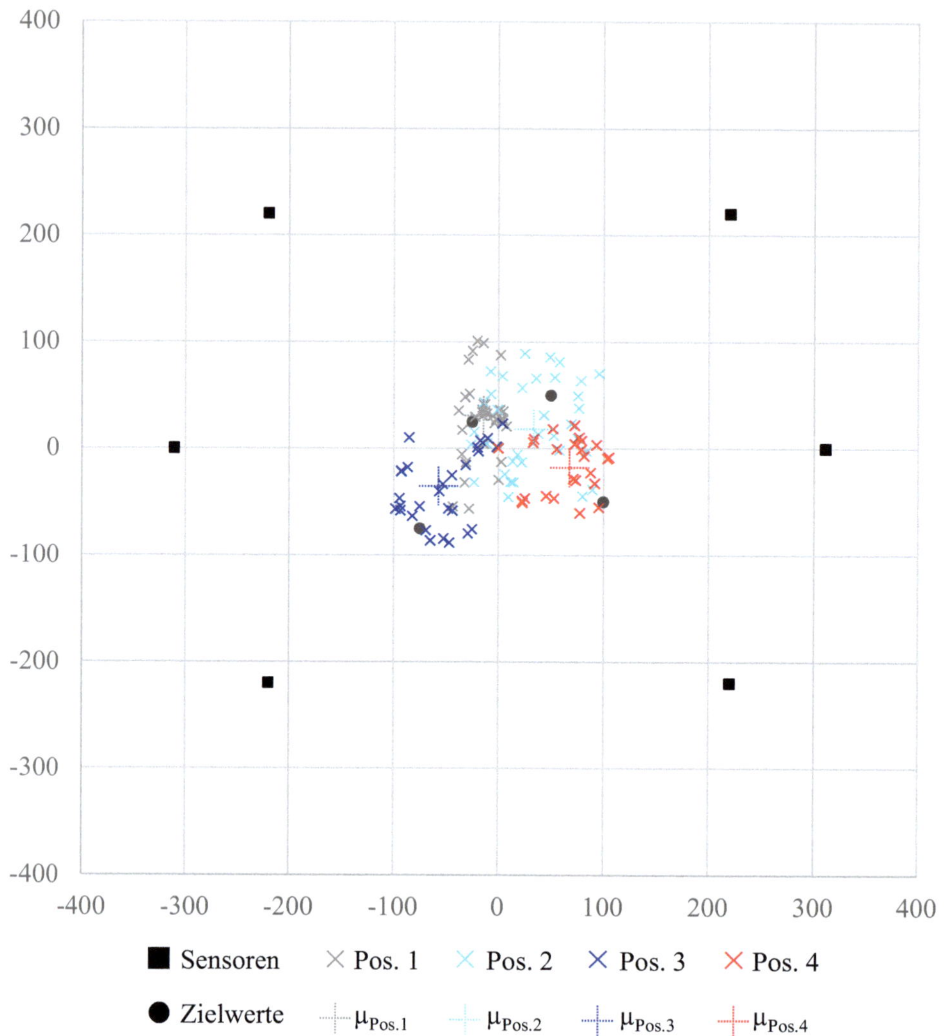

Abbildung 6.10:   Bereinigtes Lokalisierungsergebnis im In-Prozess Validierungsversuch auf kleinen Substratplatten

Durch die Ergebnisbereinigung werden alle Datenpunkte, die sich außerhalb des Zentrums befinden, entfernt. Die Pos. 1 – 4 befinden sich in unterschiedlichen Quadranten (1 – 4) und es sind deutliche Datencluster in den jeweiligen Quadranten zu erkennen. Auf Basis der visuellen Betrachtung ist die Z-Score Methode deshalb eine sinnvolle Ergänzung im Lokalisierungsprozess. Die Auswirkung der Z-Score Methode wird mit der Betrachtung der Lokalisierungsleistungskennwerte (Tabelle 6.4) verdeutlicht. Zur kritischen

Betrachtung der Maßnahme wird die Datenquantität und -qualität der herausgefilterten Datenpunkten untersucht.

Tabelle 6.4:   Lokalisierungsergebnisse aus den Validierungsversuchen mit kleinen Substratplatten nach Bereinigung mittels Z-Score Filter

Pos.	Dim.	μ_{Pos} [mm]	MAE_x, MAE_y [mm]	σ_x, σ_y [mm]	MAE_{xy} [mm]	n_{LPA}	n_{nah}	n_{fern}	n_{filt}
1	x	-13,85	11,15	13,02					
	y	30,98	5,98	30,00	12,65	1	28	49	56
2	x	33,56	16,44	34,67					
	y	18,47	31,53	38,94	35,56	0	4	7	40
3	x	-57,53	17,47	30,86					
	y	-35,53	39,47	30,12	43,17	0	5	15	36
4	x	67,69	32,31	27,27					
	y	-18,35	31,65	24,91	45,23	0	6	10	36
Total		-	**23,25**	**28,73**	**34,15**	**1**	**43**	**81**	**168**

Die Betrachtung der Lokalisierungsergbnisse innerhalb des Schwellwertbereiches führt dazu, dass von initial n = 70 AE je Position weniger AE zur Lokalisierung erhalten bleiben:

- Pos. 1: 56 akustische Events nach der Bereinigung

- Pos. 2: 40 akustische Events nach der Bereinigung

- Pos. 3: 36 akustische Events nach der Bereinigung

- Pos. 4: 36 akustische Events nach der Bereinigung

In Summe bleiben von n = 280 Datenpunkte n_{filt} = 168 Datenpunkte über. Dies entspricht einer Reduktion der Datenpunkte um 40 %. Die guten Trefferergebnisse werden durch die Trefferanzahl in der LPA-Struktur n_{LPA}, im Substratmaterial n_{nah} und im Umfeld n_{fern} beschrieben. Die Veränderung durch die Ergebnisbereinigung je Gruppe ist sehr gering:

- $n_{LPA,ungefiltert}$ = 1 → $n_{LPA,ungefiltert}$ = 1; keine Veränderng durch Z-Score Methode

- $n_{nah,ungefiltert}$ = 44 → $n_{nah,ungefiltert}$ = 43; - 1 Datenpunkt bzw. $-2,2$ %, entspricht einer sehr geringen Reduktion guter Lokalisierungsergbnisse durch Z-Score Methode

- $n_{fern,ungefiltert}$ = 86 → $n_{fern,ungefiltert}$ = 81; - 5 Datenpunkt bzw. $-4,6$ %, entspricht einer sehr geringen Reduktion guter Lokalisierungsergbnisse durch Z-Score Methode

Die Anzahl der guten Lokalisierungsergebnisse wurde durch die Einführung der Z-Score Methode nur minimal verringert. Somit ist der größte Anteil der herausgefilterten 40 % der Datenpunkte charakterisiert durch Ausreißer und Lokalisierungswerte mit schlechter Qualität. Mit einer Trefferanzahl im Umfeld von 81 von 168 möglichen Lokalisierungsergebnissen wird eine Trefferquote von ca. 50 % erzielt.

Die Auswirkung auf die mittlere Lokalisierungsgenauigkeit und auf die Streuung der Lokalisierungsergebnisse ist durch die Einführung der Z-Score Methode ebenfalls positiv. Die mittlere Genauigkeit MAE_{xy} über alle Positionen hat sich von 38,71 mm auf 34,15 mm verbessert. Die Verbesserung der Genauigkeit je Position liegt zwischen 1...10 mm. Insbesondere die Streuung, repräsentiert durch σ_x, σ_y hat sich durch die Ergebnisbereinigung stark verbessert. Die Standardabweichung σ_x, σ_y hat sich etwa halbiert und wurde von 60,07 mm auf 28,73 mm reduziert.

Mit dieser Genauigkeit und geringen Streuung ist eine substrataufgelöste Lokalisierung von AE möglich, es können kritische Defekte mit einem charakteristischen Frequenzband zu separierten Substratstücken zugeordnet werden. Somit kann während eines LPA-Baujobs bereits während des Prozesses zwischen defektbehafteten und defektfreien Werkstücken unterschieden werden. Eine strukturfeine Auflösung, also eine genaue Lokalisierung innerhalb des Werkstücks kann mit diesen Ergebnissen nicht validiert werden.

Zusammenfassend lassen sich am Monitoringsystem und -verfahren die folgenden Einschränkungen herleiten:

- Es kann keine zuverlässige Lokalisierung innerhalb kleiner Werkstücke erreicht werden

- Die Lokalisierungsperformance ist positionsabhängig: AE nahe des Koordinatenursprungs können mit dem entwickelten Monitoringsystem zuverlässiger lokalisiert werden als weiter entfernte AE

- Die Lokalisierung erfolgt unter Umgebungsatmosphäre. Lokalisierung unter abweichenden Gaszusammensetzungen (bspw. Schutzgasatmosphäre) erfordern ggf. eine zusätzliche Kalibrierung. Die Lokalisierung in Schutzgasatmosphären mit Argon als Inertgas bei einer Umgebungstemperatur von 50 °C erfordert nach durchgeführter Fehlerabschätzung keine zusätzliche Kalibrierung.

- Ein zuverlässiges Lokalisierungsergebnis kann nur dann erzielt werden, wenn zu jeder berechneten Position ein Indikator für Ausreißerwerte berechnet wird, wie bspw. der Z-Score Z. Lokalisierungsergebnisse innerhalb des Schwellwertbereiches von $-1 < Z < 1$ müssen herausgefiltert werden. Stochastiste Fehler können mit desem Verfahren entfernt werden, systematische Fehler müssen durch Verbesserung der Kalibrierung, Systemtechnik oder Anwendung korrigiert werden.

Bewertung der Optimierungsmaßnahmen

In der Validierungsphase wurden 9 Maßnahmen zur Verbesserung der Lokalisierungsleistung untersucht (vgl. Tabelle 6.2). Um den Einfluss zu bewerten, wird ein Direktvergleich zwischen Referenzgeneration und Generation mit eingeführter Maßnahme durchgeführt. Die Lokalisierungsleistung wird wie zuvor beschrieben durch die mittlere Lokalisierungsabweichung MAE_{xy}, die Standardabweichung σ_x, σ_y sowie die Anzahl der Lokalisierungstreffer in der LPA-Struktur n_{LPA}, in der Substratplatte n_{nah} und im Umfeld des Prozesses n_{fern} beschrieben. Die Ergebnisse sind in Tabelle 6.5 zusammengefasst. Ein positiver Einfluss wird durch ein +, ein neutraler bzw. unbestimmbarer Einfluss mit einem O und ein negativer Einfluss mit einem – gekennzeichnet.

Tabelle 6.5: Effekte durch untersuchte Maßnahmen entlang der Validierungsversuche

#	Maßnahme	Effekt auf die Lokalisierungsleistung
0	Referenzgeneration	/
1	Einheitliche Signalsegmentierung mit ± 0,5 s um AE-Peak	O
2	Zusätzliche, individuell angepasste Vorfilterung des AE-Signals (manuell)	O
3	Anpassung der Monitoringebene	+
4	Werkzeugbahnanpassung des LPA-TCP (Reduktion von schnellen Bahnwechseln) zur Reduktion von Störfrequezen	+
5	Variation der Filterparameter	O
6	Variation der Vergleichsaglorithmusparameter	+
7	Zusätzliche Schwingungsentkopplung	O
8	Drehung der Mikrofone um Längsachse	O
9	Verwendung von Schallabsorbern	O
10	Einführung von Ergebnisbereinigung (Ausreißeridentifkation und Filterung dieser Werte)	+

Ein positiver Einfluss ist identifizierbar nach der Anpassung der Monitoringebene, der einheitlichen Signalsegmentierung, der Anpassung der Werkzeugbahn zur Vermeidung von Störfrequenzbändern sowie die Variation der Vergleichsalgorithmusparameter. Außerdem hat insbesondere die Einführung der Ergebnisbereinigung einen sehr guten Einfluss auf die Lokalisierungsleistung. Kein messbarer Einfluss kann bei den folgenden Maßnahmen identifiziert werden: Variation der Filterparameter, zusätzlich manuelle Vorfilterung des Signals, zusätzliche Schwingungsentkopplung, Drehwinkelveränderung der Mikrofone in Längsrichtung und die Verwendung von Schallabsorbern. Es ist nicht auszuschließen, dass der Einfluss der Maßnahmen bei Vergrößerung der Versuchsanzahl signifikanter wird.

Auf Basis der Ergebnisse wird empfohlen, die Maßnahmen 3, 4, 6 und 10 bei jedem Versuch zu berücksichtigen.

<u>Validierungsversuch mit großen Substratplatten</u>

Im vorherigen Validierungsversuch konnte u.a. gezeigt werden, dass das Monitoringsystem nicht zur Defektlokalisierung innerhalb kleiner Werkstücke geeignet ist. Neben kleinen, separaten Substratplatten werden in LPA-Baujobs ebenfalls große Substratplatten eingesetzt, auf denen verschiedene LPA-Strukturen separat voneinander generiert werden. Da die beim Defekt entstehenden Schwingungen vom gesamten Substratmaterial an die umgebende Atmosphäre übertragen werden (und somit der Luftschall entsteht), wird diese Lokalisierungsaufgabe als herausfordernd bewertet. Analog zur Validierung auf separaten Substratmaterialien werden Versuche mit einer großen Substratplatte durchgeführt. Die Auswertungssystematik folgt dem zuvor skizzierten Vorgehen. Zwei Unterschiede sind jedoch zu beachten:

- bei den separaten Substratmaterialien wurde die Lokalisierungleistung u.a. anhand der Lokalisierungstreffer innerhalb des Substratmaterials (n_{nah}) bewertet. Da das Substratmaterial im Vergleich zur generierten LPA-Struktur sehr groß ist (Länge in x-Dimension: 5 mm (LPA-Struktur) vs. 30 mm (Substrat klein) $\rightarrow$ 5 mm (LPA-Struktur) vs. 200 mm (Substrat groß)), ist die Berücksichtigung der Substratgeometrie zur Bewertung der Lokalisierungsleistung nicht sinnvoll. Anstattdessen werden die Treffer im Nahumfeld (n_{nah}) gezählt. Das Nahumfeld wird definiert mit exakt der gleichen Geometrie wie die der kleinen Substratplatten (vgl. Abbildung 6.7).

- Die Trefferzählung in der Kategorie im Umfeld bezieht sich bei der Bewertung auf die Substratgeometrie der kleinen Substratplatten. Da diese bei den Versuchen mit großen Substratplatten nicht zum Einsatz kommen, bezieht sich der Kategorie im Umfeld nun auf das zuvor definierte Nahumfeld.

Die Lokalisierungsergebnisse der Versuche auf großen Substratplatten sind in Abbildung 6.11 dargestellt. Die Lokalisierungsergebnissen wurden ebenfalls mittels Z-Score Methode und identischer Z-Score Definition bereinigt. Die Analyse basiert auf der Erfassung von je 24 identifizierten AE je Position.

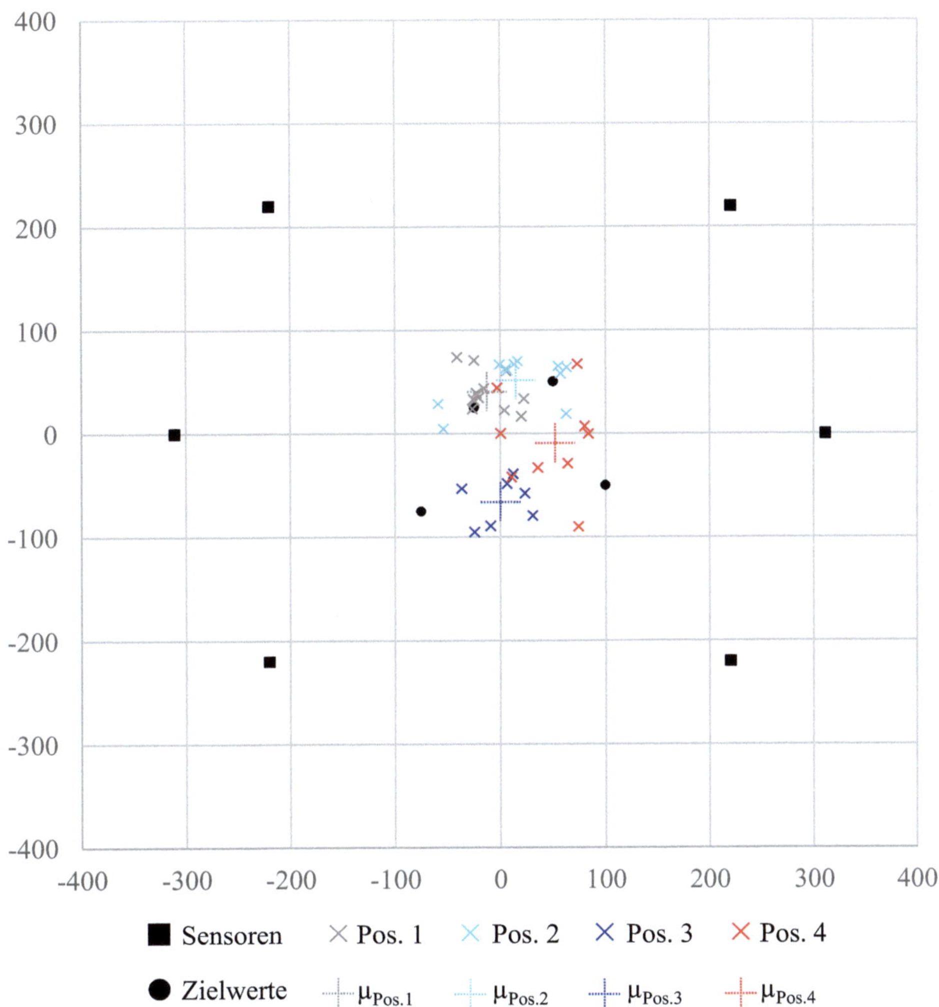

Abbildung 6.11: Bereinigtes Lokalisierungsergebnis im In-Prozess Validierungsversuch auf großer Substratplatte

Durch die Darstellung der Lokalisierungsergebnisse ist eine Clusterbildung der berechneten Positionen erkennbar. Die meisten Lokalisierungsergebnisse sind für Pos. 1 erkennbar, der mittlere Lokalisierungsergebnis liegt unmittelbar neben der Soll-Position. Die mittleren Lokalisierungsergebnisse zugehörig zu Pos. 2, 3 und 4 liegen zwar weiter von der Soll-Position entfernt, dennoch befinden sie sich im Umfeld der Soll-Positionen. Eine positionsabhängige Lokalisierungsleistung ist – wie schon bei der Versuchsphase mit kleinen Substratplatten – erkennbar. Zur detaillierten Untersuchung der Lokalisierungsperformance werden die quantifizierten Kennwerte, zusammengefasst in Tabelle 6.6, herangezogen. Durch die Bereinigung bleiben ca. 40 % der Lokalisierungsergebnisse für die Analyse bestehen. Dementsprechend wurde im Vergleich zur Versuchsphase mit kleinen Substrat-platten eine größere Anzahl an Ergebnissen herausgefiltert.

Tabelle 6.6:   Lokalisierungsergebnisse aus den Validierungsversuchen mit großer Substratplatte je Position (n = 24 je Position) nach Bereinigung mittels Z-Score Filter.

Pos.	Dim.	μ_{Pos} [mm]	MAE_x, MAE_y [mm]	σ_x, σ_y [mm]	MAE_{xy} [mm]	n_{LPA}	n_{nah}	n_{fern}	n_{filt}
1	x	-12,65	12,35	19,51					
	y	40,20	15,20	17,99	19,59	2	7	9	12
2	x	14,73	35,27	41,07					
	y	51,70	1,70	21,78	35,31	0	3	3	11
3	x	0,06	75,06	23,11					
	y	-65,95	9,05	20,25	75,61	0	3	1	7
4	x	51,91	48,09	31,37					
	y	-9,75	40,26	46,86	62,71	0	0	0	8
Total		-	**29,62**	**27,74**	**48,31**	**2**	**10**	**13**	**38**

Es kann eine mittlere Abweichung MAE_{xy} über alle Positionen von 48,31 mm erreicht werden. Der Eindruck der Visualisierung wird bestätigt, AE bei Pos. 1 erzielen die besten Lokalisierungsergebnisse. Bei dieser Position kann ein $MAE_{xy,Pos1} = 19,59$ mm erreicht werden. Auffallend ist die höhere Abweichung in x-Richtung bei Pos. 2 und 3. Mit 35,27 mm bzw. 75,06 mm mittlerer Abweichung ist diese um ein Vielfaches höher vergli-chen zu y-Dimension. Dies deutend auf einen systematischen Fehler im Versuchsaufbau hin.

Die Standardabweichung entlang der gesamten Versuchsphase liegt nach der Bereinigung im moderaten Bereich. Insgesamt können 2 AE korrekt in der tatsächlichen LPA-Struktur lokalisiert werden (n_{LPA}), 10 im Nahumfeld des Prozesses (n_{nah}) und 13 im Umfeld des Prozesses (n_{fern}). Mit einer Trefferanzahl von 13 aus 38 möglichen Lokalisierungsergeb-nissen wird eine Trefferquote von ca. 30 % erzielt.

Für die LPA-Versuche mit einer großen Substratplatte wurde eine geringere Lokalisie-rungsleistung erwartet. Diese Erwartung konnte im Rahmen der Validierungsversuche be-stätigt werden. Dennoch ist die Lokalisierung von AE im spezifischen Frequenzband auch bei Versuchen mit einer großen Substratplatte möglich. Potentielle Defekte können be-stimmten Segmenten auf der Bauplattform zugeordnet werden. Bei der Fertigung von ver-schiedenen Bauteilen auf einer Bauplattform ist daher die erreichbare Genauigkeit des Monitoringsystems zu berücksichtigen. Ein Abstand von 50 mm zwischen den Bauteilen wird als sinnvoll betrachtet.

Die Ergebnisse der Validierungsversuche liefern wichtige Erkenntnisse zum Einsatz des entwickelten Monitoringkonzeptes. Sie lassen sich nachfolgend zusammenfassen:

-   Zur Validierung wurde das Monitoringkonzept (Teilsystem II) adaptiert und in eine LPA-Prozesskammer integriert
-   Die Validierungsversuche zeigen, dass die Lokalisierung von AE im LPA-Prozess möglich ist.
-   Wenn in einem Baujob mehrere unabhängige Bauteile oder LPA-Strukturen ge-neriert werden, dann funktioniert die Lokalisierung von AE besser bei der

Verwendung von einzelnen kleinen Substratplatten je Bauteil. Es kann eine mittlere Genauigkeit von 34,15 mm erreicht werden.

- Beim Einsatz einer großen Substratplatte, auf der verschiedene unabhängige Bauteile generiert werden, konnte die Lokalisierung von AE ebenfalls nachgewiesen werden. Die maximal erreichbare Genauigkeit ist in diesem Szenario jedoch geringer. Es kann eine mittlere Abweichung zur tatsächlichen Position der AE von 48,31 mm erzielt werden. Die geringere Auflösung hängt von der Größe der Substratplatte, da diese als Membran zur Emission des Luftschall fungiert.

- Die Identifikation und Entfernung von Ausreißerwerten erhöht die Lokalisierungsleistung. Die Z-Score Methode hat sich als nutzbare Methode herausgestellt.

- Eine zuverlässige Lokalisierung von AE innerhalb einer LPA-Struktur kann mit diesem Monitoringkonzept nicht durchgeführt werden.

- Beim verwendeten System hat sich eine positionsabhängige Lokalisierungsleistung abgezeichnet. Zentrumsnahe Lokalisierungsaufgaben erzielen bessere Ergebnisse als zentrumsferne (= sensornahe) Lokalisierungsaufgaben.

Das entwickelte Monitoringkonzept gilt somit als validiertes Monitoringsystem, die Forschungsfrage III gilt hiermit als beantwortet.

6.3 Vollautomatisiertes Prozesssteuerungskonzept

Die Kombination der validierten Teilsysteme I und II ermöglicht die vollautomatisierte Prozesssteuerung des LPA-Prozesses. Voraussetzung für die vollautomatisierte Prozesssteuerung ist eine Schnittstelle an der LPA-Maschine, die eine softwaregesteuerte Daten-Ein- und -ausgabe ermöglicht. Durch die Dateneingabe muss zur Prozesssteuerung die Anpassung der Werkzeugbahn während des LPA-Prozesses möglich sein. Varianten hierfür sind nach BUHR oder COUSIN et al. eine TCP/IP oder MQTT-Schnittstelle ([48, 151]). Die im Rahmen der Arbeit verwendete Maschine besitzt eine solche Schnittstelle nicht. Aus diesem Grund wird in diesem Teil lediglich das Steuerungskonzept skizziert und erläutert. Das Konzept wird in Abbildung 6.12 dargestellt.

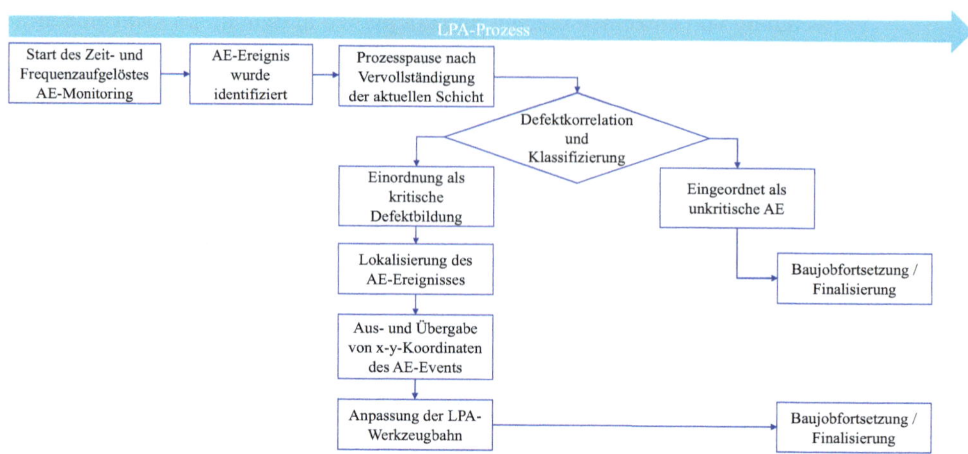

Abbildung 6.12:   Steuerungskonzept auf Basis des entwickelten Monitoringsystems für den LPA-Prozess

Beim Start des LPA-Prozesses muss das zeit- und frequenzaufgelöste Monitoringprogramm gestartet werden. Sobald ein akustisches Ereignis identifiziert wird, leitet die Maschinensteuerung nach Vollendung der aktuellen LPA-Schicht eine Prozesspause ein. Wird das AE als unkritisch eingeordnet, wird der Prozess bis zur Baujobfinalisierung oder Identifizierung des nächsten akustischen Ereignisses fortgesetzt. Bei Klassifizierung als kritischen Defekt wird das Lokalisierungsprogramm automatisch gestartet. Das Lokalisierungsskript gibt nach Berechnung die x- und y-Koordinate des akustischen Ereignisses aus. Anhand der Koordinate muss die automatisierte Bahnplanung das defektbehaftete Bauteil im Baujob entfernen, sodass der Baujob mit allen bis zu dem Zeitpunkt defektfreien LPA-Strukturen fortsetzen kann. Es wird somit keine kostenintensive Prozesszeit in das defektbehaftete Bauteil investiert; dies minimiert Kosten, die sich in reduzierten Bauteilkosten wiederfinden.

7 Schlussbetrachtung

In diesem Kapitel werden die Ergebnisse der Forschungsarbeit bezogen auf die in Kapitel 3 gestellten Forschungsfragen zusammengefasst. Auf Basis dessen wird ein Ausblick in den Forschungsbereich gegeben.

7.1 Zusammenfassung der Ergebnisse

Additive Fertigungsverfahren haben durch ihren schichtweisen Strukturaufbau das Potential, die Produktion metallischer Bauteile zu revolutionieren, da sie komplexe Strukturen ermöglichen, die mit traditionellen Methoden nicht herstellbar sind. Besonders das LPA-Verfahren wird als kostengünstige Lösung für die Herstellung komplexer Bauteile angesehen, indem hochwertige Materialien auf konventionelle Bauteile aufgetragen werden. Ein Beispiel ist die Applikation einer superelastischen NiTi-Struktur auf Ti-Bauteile. Dieser Prozess ist jedoch herausfordernd, da Risse und Delaminationen durch spröde Grenzschichtbildung auftreten können, was die Dichtfunktion beeinträchtigt und zu Ausschussproduktion führt. Eine sensorische Prozessführung, die den Prozess überwacht und bei Fehlern frühzeitig eingreift, minimiert die Fehlerquote und senkt die Produktionskosten. Die Auswahl eines passenden Sensorverfahrens ist dabei anspruchsvoll. Das Ziel der Arbeit war daher die Identifikation und Entwicklung eines Sensorverfahrens, welches Riss- und Delaminationsdefekte frühzeitig erkennt, klassifiziert und im Baujob lokalisiert.

Aus diesem Grund wurde im ersten Entwicklungsteil der vorliegenden Dissertation eine methodische Potentialbewertung für den Einsatz von Sensorkonfigurationen im LPA-Prozess entwickelt. Die Methode beruht auf einer ausführlichen Literaturrecherche und erfordert daher keine Detailuntersuchung der verfügbaren Sensorkonfigurationen. Aus insgesamt 34 identifizierten Sensorkonfigurationen hat sich anhand von 6 Bewertungskriterien die Prozessüberwachung von luftschallbasierten akustischen Emissionen als zielführend herausgestellt.

Die Auswahl der Sensorkonfiguration liefert die Entwicklungsgrundlage für das Monitoringsystem, das luftschallbasierte AE während des Prozesses analysieren soll. Die Entwicklung des Monitoringsystems hat sich in die Entwicklung von Teilsystem I und Teilsystem II aufgeteilt. Das Teilsystem I fokussiert die zeit- und frequenzaufgelöste Untersuchung der akustischen Prozessemission. Hierzu wurden zunächst die auftretenden Emissionen analysiert und charakterisiert. Als Sensor hat sich ein Richtmikrofon – integriert in den LPA-Prozess – als nutzbar erwiesen, welches über einen AD-Wandler das akustische Signal einer lokalen Recheneinheit zur Analyse zur Verfügung stellt. Unter den AE konnten transiente akustische Ereignisse festgestellt werden, die während und nach der Herstellung von defektbehafteten NiTi-Elementen aufgetreten sind. Die akustischen Ereignisse sind für Menschen assoziierbar mit Klirr- und Glassprunggeräuschen. Zur Charakterisierung dieser akustischen Ereignisse hat sich eine zeit- und frequenzaufgelöste Signalanalyse als sinnvoll herausgestellt. Die frequenzaufgelöste Signalanalyse erfolgte dabei durch Signaltransformation mit der STFT. Der Transformationsansatz ist durch seine hohe Effizienz gekennzeichnet, stößt bei der Anwendung mit transienten Signalen jedoch an seine Grenzen. Deshalb wurde das Verfahren mit der höherauflösenden CWT verglichen.

© Der/die Autor(en), exklusiv lizenziert an
Springer-Verlag GmbH, DE, ein Teil von Springer Nature 2026
J. U. Weber, *Sensorische Prozessführung für das Laser-Pulver-Auftragschweißen*,
Light Engineering für die Praxis, https://doi.org/10.1007/978-3-662-73162-8_7

Die Gegenüberstellung stellte dabei die Nutzbarkeit der STFT für die vorliegende Monitoringaufgabe heraus. Durch die Signaltransformation lassen sich die akustischen Ereignisse mit einer charakteristischen Frequenz um 12 kHz beschreiben. Im nächsten Schritt wurde die Defektentstehung des LPA-Prozesses charakterisiert, um den Zusammenhang zwischen akustischen Ereignissen und Defekten zu untersuchen. Mit Hilfe von Fotoaufnahmen, µCT-Aufnahmen und Schliffbildaufnahmen der NiTi-Strukturen wurden insbesondere Risse im Grenzbereich (zwischen Substratmaterial und neu aufgetragener Struktur) festgestellt, die zu unterschiedlichen Ausprägungen in der Delamination führen. Intrastrukturelle Defekte wie z.B. Poren und Mikrorisse konnten nur in Ausnahmefällen festgestellt werden, weshalb die kritische Defektbildung nur durch die Delamination und Rissbildung in der Grenzschicht charakterisiert wird. Die Ausprägung der Delamination wurde daher als Kerngröße festgelegt, sie lässt sich beschreiben durch Delaminationsgrad, welche die durchschnittliche Spaltdichte zwischen Substratmaterial und aufgetragener Struktur wiedergibt. Zwischen dem Delaminationsgrad und der Zeit bis zum Auftreten eines starken transienten Ereignisses in der akustischen Signatur konnte eine sehr starke Korrelation festgestellt werden. Das Sensorkonzept ermöglicht somit die zeitliche Identifikation von kritischen Defekten während des LPA-Prozesses.

Da während eines LPA-Prozesses häufig mehrere Bauteile gleichzeitig bearbeitet werden, hat sich die Ortsinformation des akustischen Ereignisses zusätzlich als sehr wertvoll herausgestellt. So musste neben Teilsystem I, ein ortsaufgelöstes Überwachungssystem (Teilsystem II) entwickelt werden, welches in der Lage ist, die kritischen akustischen Ereignisses direkt einem Bauteil in der LPA-Prozesskammer zuzuordnen. Hierfür wurden zunächst alle nutzbaren Lokalisierungsansätze aus der Signalanalyse evaluiert und das TDOA-Verfahren als Verfahren mit dem größten Potential für die vorliegende Anwendung identifiziert. Auf Basis von Laufzeitunterschieden zwischen Sensorsignalen kann mit mind. 3 Sensoren ein Ort des Ursprungsignals in der Ebene bestimmt werden. Die Lokalisierung mit dem TDOA-Verfahren hat sich als robust, effizient und genau für die vorliegenden Lokalisierungsaufgabe herausgestellt. Im Rahmen von Versuchen unter Laborbedingungen wurde der Einfluss der Faktoren wie die Sensoranzahl, die Sensoranordnung, die Auswahl des AD-Wandlers, die Abtastfrequenz und Verwendung der signalvergleichenden Algorithmen auf die Lokalisierungsleistung analysiert. Insbesondere die kreisförmige Anordnung von 6 Sensoren als 3 Sensorpaare mit 3 unabhängigen Monitoringachsen und die Verwendung des Differenzquadrat-Verfahrens zur Bestimmung der Laufzeitunterschiede hat sich als ideal herausgestellt.

In der Validierungsphase wurden die In-Prozess Überwachungsfähigkeit der entwickelten Konzepte untersucht. Hierzu musste das ortsaufgelöste Überwachungskonzept zunächst von den Laborbedingungen in die LPA-Prozesskammer integriert werden. Durch die Übertragung in die realen Prozessbedingungen mussten Schutz-, Optimierungs- und Adaptionsmaßnahmen evaluiert werden. Die Anpassung der Sensorausrichtung, die Abstimmung des LPA-Prozesses auf die Sensorsysteme und die Ergebnisbereinigung durch die Z-Score Methode haben sich dabei als wichtige Maßnahmen erwiesen, die zu einer deutlichen Verbesserung der Lokalisierungsleistung unter Prozessbedingungen geführt hat. Das zeit- und frequenzaufgelöste Monitoringsystem konnte dabei so programmiert werden, dass es die In-Prozess Überwachung der AE ermöglicht. Die Auflösung des Frequenzspektrogramms hat sich dadurch zwar verringert, die relevanten Informationen der akustischen Ereignisse blieben dennoch erhalten. Die Kombination der beiden entwickelten System ermöglicht somit In-Prozess Überwachung des LPA-Verfahrens und

Identifikation von akustischen Ereignissen, die mit der kritischen Defektbildung der NiTi-Elemente stark korrelieren. Die akustischen Ereignisse können mit einer Genauigkeit von bis höchstens 48,31 mm in der Prozessebene lokalisiert werden. Dadurch kann während des Prozesses zwischen defektbehafteten und defektfreien Bauteilen differenziert werden. Durch direkte Anpassung der LPA-Werkzeugbahn kann schließlich der Anteil der defektbehafteten Prozesszeit stark verkürzt werden und somit die gesamten Prozesskosten reduziert werden.

Das Forschungsziel und die 3 verknüpften Forschungsfragen können mit der Entwicklung der Bewertungsmethodik zur Potentialerhebung von Sensorkonfigurationen in LPA-Prozessen und mit der Entwicklung des zeit-, frequenz-, und ortsaufgelösten In-Prozess AE-Monitoringsystems erfolgreich beantwortet werden. Die Nutzung der entwickelten Methoden und Systeme ermöglicht Anwendern von LPA-Prozessen die sensorgestützte Bauteilherstellung und liefert das Potential, kritische Rissbildung und Delamination frühzeitig zu erkennen und zu lokalisieren, um somit Produktionskosten signifikant zu reduzieren.

7.2 Ausblick

Die identifizierten Einschränkungen des Monitoringsystems bieten die Grundlage für zukünftige Arbeiten in angrenzenden Forschungsbereichen. Hierzu zählt die Umsetzung des vollautomatisierten Prozesssteuerungskonzeptes und Analyse auf den LPA-Prozess. Die Automatisierung der Qualitätssicherung im LPA-Prozess weist ein hohes Potential hinsichtlich Reduktion der Prozesskosten auf [152]. Voraussetzung zur Umsetzung ist ein LPA-System, welches eine Datenschnittstelle und In-Prozess Anpassung der Werkzeugbahn ermöglicht. Der vollautomatisierte Prozess kann dabei auf den Vorarbeiten von BUHR und COUSIN aufbauen [48, 151].

Weiterhin verspricht die Übertragung der Monitoringkonzepte und insb. des Lokalisierungsansatzes auf optische Mikrofone eine Erweiterung der überwachbaren Qualitätsgrößen und Verbesserung der Lokalisierungsleistung. Bekannte Forschungsansätze mit optischen Mikrofonen fokussieren die Überwachung von Frequenzen im Ultraschallbereich. Dies reduziert den Anteil der Störfrequenzen, ermöglicht die Überwachung der Porenbildung, der Mikrorissbildung und der Mikrostrukturausbildung [77]. Aus der Reduktion der Störfrequenzen wird außerdem eine verbesserte Stabilität der Lokalisierungsleistung erwartet.

In zukünftigen Forschungsarbeiten empfiehlt sich außerdem der stetige Aufbau von Trainingsdatensätzen, um den aktuellen Monitoringansatz in der Zukunft mit ML-Verfahren zu kombinieren. Die geringe Anzahl an Trainingsdatensätzen und der damit verbundene Aufwand spricht derzeit gegen den Einsatz von ML-Verfahren ([74, 79]). Die Ergänzung der derzeitigen Signalanalyse um ML-Verfahren kann eine robustere Defekterkennung auf Basis von AE herbeiführen.

Abschließend empfiehlt sich die Übertragung des Monitoringsystems auf verwandte AM-Verfahren, insb. auf das PBF/LB-M-Verfahren. Die Integration des Monitoringsystems in eine PBF/LB-M-Anlage erfordert eine Anpassung des Sensoraufbaus, verspricht aber ein sehr hohes Anwendungspotential. Dies wird einerseits durch die starke Marktpräsenz des Prozesses in der Industrie gegeben. Aus technologischer Sicht sind in der Prozesskammer von PBF/LB-M-Systemen zudem weniger sich bewegende Elemente, die Störfrequenzen verursachen. Aus diesem Grund wird von einem hohen Monitoring- und Lokalisierungspotential ausgegangen, welches in zukünftigen Arbeiten untersucht werden sollte.

8 Literaturverzeichnis

[1]   Wohlers Associates, *Wohlers Report 2024: 3D Printing and Additive Manufacturing - Global State of the Industry*. Washington: Additive Manufacturing Center of Excellence, ASTM Internationl.

[2]   AMPOWER GmbH & Co. KG, "Additive Manufacturing Market Report", Hamburg, 2024.

[3]   I. Gibson, D. Rosen, B. Stucker und M. Khorasani, *Additive Manufacturing Technologies*. Cham: Springer International Publishing, 2021.

[4]   Y. Takagi, T. Tatsuoka, N. Kawasaki und T. Sawa, "Stress Analysis and Sealing Performance of Pipe Flange Connections With NiTi Shape Memory Alloy Gasket" in *ASME 2007 Pressure Vessels and Piping Conference*, San Antonio, Texas, USA, 2007, S. 209–216.

[5]   L. Zhu, Y. Liu, M. Li, X. Lu und X. Zhu, "Calculation Model of Mechanical and Sealing Properties of NiTi Alloy Corrugated Gaskets under Shape Memory Effect and Hyperelastic Coupling: I Mechanical Properties" (eng), *Materials (Basel, Switzerland)*, Jg. 15, Nr. 14, 2022.

[6]   U. Dilthey, *Schweißtechnische Fertigungsverfahren 1: Schweiß- und Schneidtechnologien*, 3. Aufl. Berlin: Springer-Verlag Berlin Heidelberg, 2006.

[7]   A. Sinha *et al.,* "A review on 4D printing of Nickel-Titanium smart alloy processing, the effect of major parameters and their biomedical applications", *Proceedings of the Institution of Mechanical Engineers, Part E: Journal of Process Mechanical Engineering*, 095440892311544, 2023.

[8]   *DIN 8580:2022-12, Fertigungsverfahren_- Begriffe, Einteilung*, Berlin.

[9]   M. L. B. Möller, *Prozessmanagement für das Laser-Pulver-Auftragschweißen*. Berlin: Springer-Verlag Berlin Heidelberg, 2021.

[10] Z. Tang *et al.*, "A review on in situ monitoring technology for directed energy deposition of metals" (En;en), *Int J Adv Manuf Technol*, Jg. 108, 11-12, S. 3437–3463, 2020.

[11] G. Schulze, *Die Metallurgie des Schweißens*. Berlin, Heidelberg: Springer Berlin Heidelberg, 2010.

[12] H.-J. Bargel und G. Schulze, *Werkstoffkunde*. Berlin: Springer-Verlag Berlin Heidelberg, 2012.

[13] M. Bäker, Hg., *Funktionswerkstoffe*. Wiesbaden: Springer Fachmedien Wiesbaden, 2014.

[14] G. B. KAUFFMAN und I. MAYO, "The Story of Nitinol: The Serendipitous Discovery of the Memory Metal and Its Applications", *Chem. Educator*, Jg. 2, Nr. 2, S. 1–21, 1997.

[15] R. F. Hamilton, B. A. Bimber und T. A. Palmer, "Correlating microstructure and superelasticity of directed energy deposition additive manufactured Ni-rich NiTi alloys", *Journal of Alloys and Compounds*, Jg. 739, S. 712–722, 2018.

[16] B. A. Bimber, R. F. Hamilton, J. Keist und T. A. Palmer, "Anisotropic microstructure and superelasticity of additive manufactured NiTi alloy bulk builds using laser directed energy deposition", *Materials Science and Engineering: A*, Jg. 674, S. 125–134, 2016.

[17] S. Ahmad, A. W. Hashmi, F. Iqbal, S. Rab und Y. Tian, "Exploring the potential of 3D printing for shape memory alloys: a critical review", *Meas. Sci. Technol.*, Jg. 35, Nr. 12, S. 122001, 2024.

[18] E. I. Rivin, G. Sayal und P. R. Singh Johal, ""Giant Superelasticity Effect" in NiTi Superelastic Materials and Its Applications", *J. Mater. Civ. Eng.*, Jg. 18, Nr. 6, S. 851–857, 2006.

[19] C. Scheitler, O. Hentschel, T. Krebs, K. Y. Nagulin und M. Schmidt, "Laser metal deposition of NiTi shape memory alloy on Ti sheet metal: Influence of preheating on dissimilar build-up", *Journal of Laser Applications*, Jg. 29, Nr. 2, S. 22309, 2017.

[20]   C. A. Biffi, A. Tuissi und A. G. Demir, "Martensitic transformation, microstructure and functional behavior of thin-walled Nitinol produced by micro laser metal wire deposition", *Journal of Materials Research and Technology*, Jg. 12, S. 2205–2215, 2021.

[21]   S. Skhosane, N. Maledi und S. Pityana, "Mechanical and microstructural properties of nitinol fabricated on a preheated Ti6Al4V base plate using laser direct metal deposition (LDMD) process", *MATEC Web Conf.*, Jg. 406, S. 7006, 2024.

[22]   R. F. Hamilton, T. A. Palmer und B. A. Bimber, "Spatial characterization of the thermal-induced phase transformation throughout as-deposited additive manufactured NiTi bulk builds", *Scripta Materialia*, Jg. 101, S. 56–59, 2015.

[23]   M. Wolf, *Zur Phänomenologie der Heißrissbildung beim Schweißen und Entwicklung aussagekräftiger Prüfverfahren*. Dissertation. Bremerhaven: Wirtschaftsverl. NW Verl. für neue Wiss, 2006.

[24]   M. Brandt, Hg., *Laser additive manufacturing: Materials, design, technologies, and applications*. Kent: Elsevier Science, 2016. [Online]. Verfügbar unter: https://search.ebscohost.com/login.aspx?direct=true&scope=site&db=nlebk&db=n labk&AN=1144615

[25]   D. Svetlizky *et al.*, "Directed energy deposition (DED) additive manufacturing: Physical characteristics, defects, challenges and applications", *Materials Today*, Jg. 49, S. 271–295, 2021.

[26]   F. Brückner und C. Leyens, "Hybrid laser manufacturing" in *Woodhead Publishing Series in Electronic and Optical Materials*, number 88, *Laser additive manufacturing: Materials, design, technologies, and applications*, M. Brandt, Hg., Kent: Elsevier Science, 2016, S. 79–97.

[27]   M. Elahinia, N. Shayesteh Moghaddam, M. Taheri Andani, A. Amerinatanzi, B. A. Bimber und R. F. Hamilton, "Fabrication of NiTi through additive manufacturing: A review", *Progress in Materials Science*, Jg. 83, S. 630–663, 2016.

[28] S. Hesse, *Sensoren Für Die Prozess- und Fabrikautomation: Funktion - Ausführung - Anwendung,* 6. Aufl. Wiesbaden: Springer Fachmedien Wiesbaden GmbH, 2014. [Online]. Verfügbar unter: https://ebookcentral.proquest.com/lib/kxp/detail.action?docID=1965742

[29] H. Bernstein, *Messelektronik und Sensoren: Grundlagen der Messtechnik, Sensoren, analoge und digitale Signalverarbeitung.* Wiesbaden: Springer Vieweg, 2014.

[30] M. Möser, *Messtechnik der Akustik.* Berlin: Springer-Verlag Berlin Heidelberg, 2010.

[31] E. Hering *et al., Physik für Ingenieure,* 13. Aufl. Berlin, Heidelberg: Springer Vieweg, 2021.

[32] VDMA und KIT, *Leitfaden Sensorik für Industrie 4.0: Wege zu kostengünstigen Sensorsystemen* (Zugriff am: 15. Juni 2023).

[33] R. Neugebauer, U. Götze und W.-G. Drossel, Hg., *Energieorientierte Bilanzierung und Bewertung in der Produktionstechnik: Methoden und Anwendungsbeispiele.* Auerbach: Verl. Wiss. Scripten, 2013.

[34] Keyence, *Inline-/Offline-Messung.* [Online]. Verfügbar unter: https://www.keyence.de/ss/products/measure/measurement_library/basic/in_offlin e/ (Zugriff am: 28. Januar 2023).

[35] M. Doubenskaia, M. Pavlov und Y. Chivel, "Optical System for On-Line Monitoring and Temperature Control in Selective Laser Melting Technology", *KEM,* Jg. 437, S. 458–461, 2010.

[36] B. A. Schroeder, "On-line monitoring: A Tutorial", *Computer Practices,* Jg. 28, Nr. 6, S. 72–78, 1995.

[37] W. Li *et al.,* "Research and prospect of on-line monitoring technology for laser additive manufacturing", *The International Journal of Advanced Manufacturing Technology,* Jg. 125, 1-2, S. 25–46, 2023.

[38] Breese, Philipp P., Becker, T., Oster, S., Altenburg, S. J., "Aktive
Laserthermografie im L-PBF-Prozess zur in-situ Detektion von Defekten" in
DGZfP-Jahrestagung 2022.

[39] Burtscher, M., Kirchheimer, K., Weißensteiner, I., Bernhard, C., Lederhaas, B.,
Klein, T., Mayer, S., Clemens, H., "Untersuchungen des Ausscheidungsverhaltens
von H-Karbiden in einer kohlenstoffhaltigen TiAl Legierung mittels in-und ex-situ
Experimenten" in *Praktische Metallographie Sonderband 51*, S. 55–60.

[40] G. Tapia und A. Elwany, "A Review on Process Monitoring and Control in Metal-
Based Additive Manufacturing", *Journal of Manufacturing Science and
Engineering*, Jg. 136, Nr. 6, 2014, Art. no. 060801.

[41] M. Montazeri, A. R. Nassar, A. J. Dunbar und P. Rao, "In-process monitoring of
porosity in additive manufacturing using optical emission spectroscopy", *IISE
Transactions*, Jg. 52, Nr. 5, S. 500–515, 2020.

[42] E. A. Krupinski, J. Johnson, H. Roehrig, J. Nafziger und J. Lubin, "On-axis and
off-axis viewing of images on CRT displays and LCDs: observer performance and
vision model predictions" (eng), *Academic radiology*, Jg. 12, Nr. 8, S. 957–964,
2005.

[43] Fernandez, A. G., Tarhini, H., Grottker, S. T., Emmelmann, C., "In-Situ Quality
Assurance of Surface Roughness Using an On-Axis Photodiode", *Fraunhofer
Direct Digital Manufacturing Conference DDMC 2020 Conference Proceedings*,
2020.

[44] U. Bansode und S. Ogale, "On-axis pulsed laser deposition of hybrid perovskite
films for solar cell and broadband photo-sensor applications", *Journal of Applied
Physics*, Jg. 121, Nr. 13, S. 133107, 2017.

[45] Y. Zhang, J. Y. Fuh, D. Ye und G. S. Hong, "In-situ monitoring of laser-based
PBF via off-axis vision and image processing approaches", *Additive
Manufacturing*, Jg. 25, S. 263–274, 2019.

[46] J. Zhang, S. Dai, C. Ma, T. Xi, J. Di und J. Zhao, "A review of common-path off-axis digital holography: towards high stable optical instrument manufacturing", *Light: Advanced Manufacturing*, Jg. 2, Nr. 3, S. 1, 2021.

[47] *DIN 1319-1:1995-01, Grundlagen der Meßtechnik_- Teil_1: Grundbegriffe,* Berlin.

[48] M. Buhr, *Geometrische Qualitätssensorik für die roboterbasierte, additive Produktion.* Berlin: Springer Berlin Heidelberg, 2024.

[49] R. Lerch, G. Sessler und D. Wolf, *Technische Akustik.* Berlin: Springer-Verlag Berlin Heidelberg, 2009.

[50] F. Trendelenburg, *Einführung in die Akustik.* Berlin: Springer-Verlag Berlin Heidelberg, 1939.

[51] R. Gross und A. Marx, *Festkörperphysik.* Berlin, Boston: Walter de Gruyter GmbH, 2014.

[52] P. Zeller, Hg., *Handbuch Fahrzeugakustik: Grundlagen, Auslegung, Berechnung, Versuch,* 3. Aufl. Wiesbaden: Springer Vieweg, 2018.

[53] F. G. Kollmann, *Maschinenakustik.* Berlin: Springer-Verlag Berlin Heidelberg, 2000.

[54] D. Massy *et al.,* "Crack Front Interaction with Self-Emitted Acoustic Waves" (eng), *Physical review letters*, Jg. 121, Nr. 19, S. 195501, 2018.

[55] J. W. Whittaker, T. M. Mustaleski und K. D. Nicklas, "In-process acoustic emission monitoring of laser welds: 2. international conference on acoustic emission, Lake Tahoe, NV, USA, 28 Oct 1985; Other Information: Portions of this document are illegible in microfiche products" Lake Tahoe, NV, USA, 1. Juli 1985. [Online]. Verfügbar unter: https://www.osti.gov/biblio/5157091

[56] C. E. Schou, V. V. Semak und T. D. McCay, "Acoustic emission at the laser weld site as an indicator of weld quality" in S. 41–50.

[57] M. Bastuck, "In-Situ-Überwachung von Laserschweißprozessen mittels höherfrequenter Schallemissionen" Dissertation, Universität des Saarlandes, Saarbrücken, 2016.

[58] L. Schmidt *et al.*, "Acoustic process monitoring in laser beam welding", *Procedia CIRP*, Jg. 94, S. 763–768, 2020.

[59] S. A. Shevchik, C. Kenel, C. Leinenbach und K. Wasmer, "Acoustic emission for in situ quality monitoring in additive manufacturing using spectral convolutional neural networks", *Additive Manufacturing*, Jg. 21, S. 598–604, 2018.

[60] N. Eschner, L. Weiser, B. Häfner und G. Lanza, "Development of an acoustic process monitoring system for selective laser melting (SLM)", *Proceedings of the 29th Annual International Solid Freeform Fabrication Symposium*, 2018. [Online]. Verfügbar unter: https://www.semanticscholar.org/paper/Development-of-an-acoustic-process-monitoring-for-Eschner-Weiser/4d27e984b042383f6bd504c91413034022cb3618

[61] N. Eschner, L. Weiser, B. Häfner und G. Lanza, "Akustische Prozessüberwachung für das Laserstrahlschmelzen (LBM) mit neuronalen Netzen: Eine Potentialbewertung", *tm - Technisches Messen*, Jg. 86, Nr. 11, S. 661–672, 2019.

[62] D. Kouprianoff, N. Luwes, I. Yadroitsava und I. Yadroitsev, "Acoustic Emission Technique for Online Detection of Fusion Defects for Single Tracks During Metal Laser Powder Bed Fusion" (eng), *Proceedings of the 29th Annual International Solid Freeform Fabrication Symposium*, 2018.

[63] S. A. Shevchik, G. Masinelli, C. Kenel, C. Leinenbach und K. Wasmer, "Deep Learning for In Situ and Real-Time Quality Monitoring in Additive Manufacturing Using Acoustic Emission", *IEEE Trans. Ind. Inf.*, Jg. 15, Nr. 9, S. 5194–5203, 2019.

[64] "Selective laser sintering of metals and ceramics", *Metal Powder Report*, Jg. 48, Nr. 4, S. 47, 1993.

[65] D. Kouprianoff, I. Yadroitsava, A. Du Plessis, N. Luwes und I. Yadroitsev, "Monitoring of Laser Powder Bed Fusion by Acoustic Emission: Investigation of Single Tracks and Layers", *Front. Mech. Eng.*, Jg. 7, 2021, Art. no. 678076.

[66] K. Ito, M. Kusano, M. Demura und M. Watanabe, "Detection and location of microdefects during selective laser melting by wireless acoustic emission measurement", *Additive Manufacturing*, Jg. 40, S. 101915, 2021.

[67] K. Wasmer, R. Drissi-daoudi, G. Masinelli, T. Quang-Le, R. Loge und S. A. Shevchik, "When am (additive manufacturing) meets ae (acoustic emission) and AI (artificial intelligence)", *eJNDT*, Jg. 28, Nr. 1, 2023.

[68] J. Y. Song, A. Dass, A. Moridi und G. C. McLaskey, "Detection of defects during laser-powder interaction by acoustic emission sensors and signal characteristics", *Additive Manufacturing*, Jg. 82, S. 104035, 2024.

[69] K. Wasmer, M. Wüst, Di Cui, G. Masinelli, V. Pandiyan und S. Shevchik, "Monitoring of functionally graded material during laser directed energy deposition by acoustic emission and optical emission spectroscopy using artificial intelligence", *Virtual and Physical Prototyping*, Jg. 18, Nr. 1, 2023, e2189599.

[70] H. Gaja und F. Liou, "Defects monitoring of laser metal deposition using acoustic emission sensor", *Int J Adv Manuf Technol*, Jg. 90, 1-4, S. 561–574, 2017.

[71] J. Whiting, A. Springer und F. Sciammarella, "Real-time acoustic emission monitoring of powder mass flow rate for directed energy deposition" (eng), *Additive Manufacturing*, Jg. 23, 2018.

[72] A. La García de Yedra *et al.*, "Online cracking detection by means of optical techniques in laser-cladding process", *Struct Control Health Monit*, Jg. 26, Nr. 3, e2291, 2019.

[73] S. A. Niknam, D. Li und G. Das, "An acoustic emission study of anisotropy in additively manufactured Ti-6Al-4V", *Int J Adv Manuf Technol*, Jg. 100, 5-8, S. 1731–1740, 2019.

[74] H. Taheri, L. W. Koester, T. A. Bigelow, E. J. Faierson und L. J. Bond, "In Situ Additive Manufacturing Process Monitoring With an Acoustic Technique:

Clustering Performance Evaluation Using K-Means Algorithm", *Journal of Manufacturing Science and Engineering*, Jg. 141, Nr. 4, 2019, Art. no. 041011.

[75] S. Li, B. Chen, C. Tan und X. Song, *In Situ Identification of Laser Directed Energy Deposition Condition Based on Acoustic Emission*, 2023.

[76] L. W. Koester, H. Taheri, L. J. Bond und E. J. Faierson, "Acoustic monitoring of additive manufacturing for damage and process condition determination" in S. 20005.

[77] Camilo Prieto *et al.*, "In situ process monitoring by optical microphone for crack detection in Laser Metal Deposition applications", 2020.

[78] T. Hauser, R. T. Reisch, T. Kamps, A. F. H. Kaplan und J. Volpp, "Acoustic emissions in directed energy deposition processes", *Int J Adv Manuf Technol*, 2022.

[79] L. Chen *et al.*, "In-situ crack and keyhole pore detection in laser directed energy deposition through acoustic signal and deep learning", *Additive Manufacturing*, Jg. 69, S. 103547, 2023.

[80] M. Meyer, *Signalverarbeitung: Analoge und digitale Signale, Systeme und Filter*, 9. Aufl. Wiesbaden: Springer Vieweg, 2021.

[81] M. Möser, *Technische Akustik*. Berlin: Springer-Verlag Berlin Heidelberg, 2012.

[82] G. Müller und M. Möser, Hg., *Taschenbuch der Technischen Akustik*. Berlin: Springer-Verlag Berlin Heidelberg, 2004.

[83] A. Spätaru, *Theorie der Informationsübertragung*. Berlin: Akademie-Verlag, 1973. [Online]. Verfügbar unter: https://www.degruyter.com/isbn/9783112550823

[84] A. Wendemuth, *Grundlagen der digitalen Signalverarbeitung: Ein mathematischer Zugang*. Berlin: Springer-Verlag Berlin Heidelberg, 2005.

[85] R. Hoffmann und M. Wolff, *Intelligente Signalverarbeitung 1*. Berlin: Springer Berlin Heidelberg, 2014.

[86] S. L. Brunton und J. N. Kutz, *Data-driven science and engineering: Machine learning, dynamical systems, and control*. Cambridge, United Kingdom, New

York, NY: Cambridge University Press, 2022. [Online]. Verfügbar unter: https://permalink.obvsg.at/

[87] I. Daubechies, "The wavelet transform, time-frequency localization and signal analysis", *IEEE Trans. Inform. Theory*, Jg. 36, Nr. 5, S. 961–1005, 1990.

[88] S. G. Mallat, "A theory for multiresolution signal decomposition: the wavelet representation", *IEEE Trans. Pattern Anal. Machine Intell.*, Jg. 11, Nr. 7, S. 674–693, 1989.

[89] H. Zeng, Z. Zhou, Y. Chen, H. Luo und L. Hu, "Wavelet analysis of acoustic emission signals and quality control in laser welding", *Journal of Laser Applications*, Jg. 13, Nr. 4, S. 167–173, 2001.

[90] J. Morlet, "Sampling Theory and Wave Propagation" in *Issues in Acoustic Signal — Image Processing and Recognition*, C. H. Chen, Hg., Berlin: Springer Berlin Heidelberg, 1983, S. 233–261.

[91] M. U. Liaquat, H. S. Munawar, A. Rahman, Z. Qadir, A. Z. Kouzani und M. A. P. Mahmud, "Localization of Sound Sources: A Systematic Review", *Energies*, Jg. 14, Nr. 13, S. 3910, 2021.

[92] F. Hassan *et al.*, "State-of-the-Art Review on the Acoustic Emission Source Localization Techniques", *IEEE Access*, Jg. 9, S. 101246–101266, 2021.

[93] A. Ebrahimkhanlou und S. Salamone, "Single-Sensor Acoustic Emission Source Localization in Plate-Like Structures Using Deep Learning", *Aerospace*, Jg. 5, Nr. 2, S. 50, 2018.

[94] A. Ebrahimkhanlou und S. Salamone, "Acoustic emission source localization in thin metallic plates: A single-sensor approach based on multimodal edge reflections" (eng), *Ultrasonics*, Jg. 78, S. 134–145, 2017.

[95] J. Jiao, C. He, B. Wu, R. Fei und X. Wang, "Application of wavelet transform on modal acoustic emission source location in thin plates with one sensor", *International Journal of Pressure Vessels and Piping*, Jg. 81, Nr. 5, S. 427–431, 2004.

[96] S. Gergen, A. Nagathil und R. Martin, "Classification of reverberant audio signals using clustered ad hoc distributed microphones", *Signal Processing*, Jg. 107, S. 21–32, 2015.

[97] C. Pang, H. Liu, J. Zhang und X. Li, "Binaural Sound Localization Based on Reverberation Weighting and Generalized Parametric Mapping", *IEEE/ACM Trans. Audio Speech Lang. Process.*, Jg. 25, Nr. 8, S. 1618–1632, 2017.

[98] H. Suliman Munawar, "An Overview of Reconfigurable Antennas for Wireless Body Area Networks and Possible Future Prospects", *IJWMT*, Jg. 10, Nr. 2, S. 1–8, 2020.

[99] F. Keyrouz, K. Diepold und S. Keyrouz, "High performance 3D sound localization for surveillance applications" in *2007 IEEE Conference on Advanced Video and Signal Based Surveillance*, London, UK, 2007, S. 563–566.

[100] A. Makki, A. Siddig und C. J. Bleakley, "Robust High Resolution Time of Arrival Estimation for Indoor WLAN Ranging", *IEEE Trans. Instrum. Meas.*, Jg. 66, Nr. 10, S. 2703–2710, 2017.

[101] M. J. Taghizadeh, R. Parhizkar, P. N. Garner, H. Bourlard und A. Asaei, "Ad hoc microphone array calibration: Euclidean distance matrix completion algorithm and theoretical guarantees", *Signal Processing*, Jg. 107, S. 123–140, 2015.

[102] H. S. Munawar, "Flood Disaster Management" in *Machine Vision Inspection Systems*, M. Malarvel, S. R. Nayak, S. N. Panda, P. K. Pattnaik und N. Muangnak, Hg., Wiley, 2020, S. 115–146.

[103] F. Thomas und L. Ros, "Revisiting trilateration for robot localization", *IEEE Trans. Robot.*, Jg. 21, Nr. 1, S. 93–101, 2005.

[104] Y. L. Bo He, "Array Signal Processing for Maximum Likelihood Direction-of-Arrival Estimation", *J Elec Electron Syst*, Jg. 03, Nr. 01, 2014.

[105] T. Kundu, "Acoustic source localization" (eng), *Ultrasonics*, Jg. 54, Nr. 1, S. 25–38, 2014.

[106] H. Yu, D. Xiao, X. Ma und T. He, "Near-field beamforming performance analysis for acoustic emission source localization" (en), *Journal of Vibroengineering*, Jg.

16, Nr. 4, S. 2035–2046, 2014. [Online]. Verfügbar unter: https://www.extrica.com/article/15103

[107] X. Li, Z. D. Deng, L. T. Rauchenstein und T. J. Carlson, "Contributed Review: Source-localization algorithms and applications using time of arrival and time difference of arrival measurements" (eng), *The Review of scientific instruments*, Jg. 87, Nr. 4, S. 41502, 2016.

[108] M. Delcourt und J.-Y. Le Boudec, "TDOA Source-Localization Technique Robust to Time-Synchronization Attacks", *IEEE Trans.Inform.Forensic Secur.*, Jg. 16, S. 4249–4264, 2021.

[109] W. Wang, G. Wang, K. C. Ho und L. Huang, "Robust TDOA localization based on maximum correntropy criterion with variable center", *Signal Processing*, Jg. 205, S. 108860, 2023.

[110] W. A. Yost und C. A. Brown, "Localizing the sources of two independent noises: role of time varying amplitude differences" (eng), *The Journal of the Acoustical Society of America*, Jg. 133, Nr. 4, S. 2301–2313, 2013.

[111] K. C. Ho und M. Sun, "Passive Source Localization Using Time Differences of Arrival and Gain Ratios of Arrival", *IEEE Trans. Signal Process.*, Jg. 56, Nr. 2, S. 464–477, 2008.

[112] D. Li und Y. H. Hu, "Energy-Based Collaborative Source Localization Using Acoustic Microsensor Array", *EURASIP J. Adv. Signal Process.*, Jg. 2003, Nr. 4, 2003.

[113] L. Sangmoon, Y. Park und Y. Park, "Three-dimensional Sound Source Localization Using Inter-channel Time Difference Trajectory", *Int. j. adv. robot. syst.*, S. 1, 2015.

[114] S. Markovich-Golan, D. Y. Levin und S. Gannot, "Performance analysis of a dual microphone superdirective beamformer and approximate expressions for the near-field propagation regime" in *2016 IEEE International Workshop on Acoustic Signal Enhancement (IWAENC)*, Xi'an, China, 2016, S. 1–5.

[115] W. Zhang und B. D. Rao, "A Two Microphone-Based Approach for Source Localization of Multiple Speech Sources", *IEEE Trans. Audio Speech Lang. Process.*, Jg. 18, Nr. 8, S. 1913–1928, 2010.

[116] N. Dey und A. S. Ashour, *Direction of Arrival Estimation and Localization of Multi-Speech Sources*. Cham: Springer International Publishing, 2018.

[117] V. Kunin, M. Turqueti, J. Saniie und E. Oruklu, "Direction of Arrival Estimation and Localization Using Acoustic Sensor Arrays", *JST*, Jg. 01, Nr. 03, S. 71–80, 2011.

[118] B. D. van Veen und K. M. Buckley, "Beamforming: a versatile approach to spatial filtering", *IEEE ASSP Magazine*, Jg. 5, Nr. 2, S. 4–24, 1988.

[119] J. Tai, T. He, Q. Pan, D. Zhang und X. Wang, "A Fast Beamforming Method to Localize an Acoustic Emission Source under Unknown Wave Speed" (eng), *Materials (Basel, Switzerland)*, Jg. 12, Nr. 5, 2019.

[120] J. P. Dmochowski, J. Benesty und S. Affes, "A Generalized Steered Response Power Method for Computationally Viable Source Localization", *IEEE Trans. Audio Speech Lang. Process.*, Jg. 15, Nr. 8, S. 2510–2526, 2007.

[121] J. Traa, D. Wingate, N. D. Stein und P. Smaragdis, "Robust Source Localization and Enhancement With a Probabilistic Steered Response Power Model", *IEEE/ACM Trans. Audio Speech Lang. Process.*, Jg. 24, Nr. 3, S. 493–503, 2016.

[122] E. Grinstein *et al.*, "Steered Response Power for Sound Source Localization: a tutorial review" (eng), *EURASIP journal on audio, speech, and music processing*, Jg. 2024, Nr. 1, S. 59, 2024.

[123] G. Yan und J. Tang, "A Bayesian Approach for Localization of Acoustic Emission Source in Plate-Like Structures", *Mathematical Problems in Engineering*, Jg. 2015, S. 1–14, 2015.

[124] R. Ernst und J. Dual, "Acoustic emission localization in beams based on time reversed dispersion" (eng), *Ultrasonics*, Jg. 54, Nr. 6, S. 1522–1533, 2014.

[125] L. Ai, V. Soltangharaei, M. Bayat, B. Greer und P. Ziehl, "Source localization on large-scale canisters for used nuclear fuel storage using optimal number of

acoustic emission sensors", *Nuclear Engineering and Design*, Jg. 375, S. 111097, 2021.

[126] B.-W. Jang und C.-G. Kim, "Acoustic emission source localization in composite stiffened plate using triangulation method with signal magnitudes and arrival times", *Advanced Composite Materials*, Jg. 30, Nr. 2, S. 149–163, 2021.

[127] R. Hoffmann, *Signalanalyse und -erkennung: Eine Einführung für Informationstechniker ; mit 18 Tabellen*. Berlin: Springer-Verlag Berlin Heidelberg, 1998.

[128] S. M. Ziola und M. R. Gorman, "Source location in thin plates using cross-correlation", *The Journal of the Acoustical Society of America*, Jg. 90, Nr. 5, S. 2551–2556, 1991.

[129] N. Ntsadu, "Using normalised cross correlation and variance to determine the source of voltage unbalance exceedances in Eskom networks with wind farms", *J. energy South. Afr.*, Jg. 30, Nr. 2, S. 64–79, 2019.

[130] J.-C. Yoo und T. H. Han, "Fast Normalized Cross-Correlation", *Circuits Syst Signal Process*, Jg. 28, Nr. 6, S. 819–843, 2009.

[131] H. Schiefer und F. Schiefer, *Statistik für Ingenieure*. Wiesbaden: Springer Fachmedien Wiesbaden, 2018.

[132] *Six Sigma: Methoden und Statistik für die Praxis*, 2. Aufl. Berlin: Springer-Verlag Berlin Heidelberg, 2009.

[133] S. Smith, *Digital Signal Processing: A Practical Guide for Engineers and Scientists*, 1. Aufl. Boston: Newnes, 2002.

[134] SciPy OpenSource Dokumentation, *scipy.signal.butter Dokumenation*. [Online]. Verfügbar unter: https://docs.scipy.org/doc/scipy/reference/generated/scipy.signal.butter.html (Zugriff am: 11. Dezember 2024).

[135] SciPy OpenSource Dokumentation, *scipy.signal.bessel Dokumenation*. [Online]. Verfügbar unter:

https://docs.scipy.org/doc/scipy/reference/generated/scipy.signal.bessel.html (Zugriff am: 11. Dezember 2024).

[136] A. Breiing und R. Knosala, *Bewerten technischer Systeme: Theoretische und methodische Grundlagen bewertungstechnischer Entscheidungshilfen.* Berlin: Springer-Verlag Berlin Heidelberg, 1997.

[137] Siemens Aktiengesellschaft, *Organisationsplanung: Planung durch Kooperation,* 6. Aufl. Berlin, München: Siemens-Aktiengesellschaft Abt. Verl., 1984.

[138] C. Zangemeister, *Nutzwertanalyse in der Systemtechnik: Eine Methodik zur multidimensionalen Bewertung und Auswahl von Projektalternativen,* 5. Aufl. Berlin: Zangemeister & Partner, 2014.

[139] *Entwicklung technischer Produkte und Systeme - Modell der Produktentwicklung,* VDI 2221, VDI Verein Deutscher Ingenieure e.V., Nov. 2019.

[140] Y. Li und F. Xu, "Acoustic emission sources localization of laser cladding metallic panels using improved fruit fly optimization algorithm-based independent variational mode decomposition", *Mechanical Systems and Signal Processing*, Jg. 166, S. 108514, 2022.

[141] Sennheiser, *Sennheiser MKE600 Richtmikrofon: Technische Spezifikationen.* [Online]. Verfügbar unter: https://www.sennheiser.com/de-de/catalog/products/mikrofon/mke-600/mke-600-505453#Downloads (Zugriff am: 18. Dezember 2024).

[142] J. U. Weber, M. Knabe, V. Sayilgan und C. Emmelmann, "Signal processing of airborne acoustic emissions from laser metal deposited structures", *Procedia CIRP*, Jg. 111, S. 359–362, 2022.

[143] J. U. Weber, A. Bauch, J. Jahnke und C. Emmelmann, "Acoustic emissions of laser metal deposited NiTi structures", *Proceedings of Lasers in Manufacturing LIM*, 2021.

[144] J. U. Weber und C. Emmelmann, "Localized defect frequencies for Laser Metal Deposition processes", *Procedia CIRP*, Jg. 124, S. 331–334, 2024.

[145] J. Weber, N. Hoffmann und C. Emmelmann, "Localization of Acoustical Events in Laser Metal Deposition" (en), *Journal of Additive Manufacturing Technologies*, Jg. 1, 2025.

[146] J. U. Weber, "Localization of Acoustical Events in Laser Metal Deposition" Antalya, Türkiye, 25. Apr. 2024.

[147] L. Dong *et al.*, "Acoustic emission source location method and experimental verification for structures containing unknown empty areas", *International Journal of Mining Science and Technology*, 2022.

[148] X. Yang *et al.*, "An acoustic emission source localization approach based on time-reversal technology for additive manufacturing", *MATEC Web Conf.*, Jg. 355, S. 1008, 2022.

[149] M. Heilemann, *Temperaturadaptive Prozessauslegung für das Laser-Pulver-Auftragschweißen*. Berlin: Springer-Verlag Berlin Heidelberg, 2023.

[150] M. Buhr, J. Weber, J.-P. Wenzl, M. Möller und C. Emmelmann, "Influences of process conditions on stability of sensor controlled robot-based laser metal deposition", *Procedia CIRP*, Jg. 74, S. 149–153, 2018.

[151] F. Cousin, V. J. Prakash, J. U. Weber und I. Kelbassa, "Digitalization of a Robot-Based Directed Energy Deposition Process for In-Situ Monitoring and Post-Process Data Analytics" in *ASME 2024 19th International Manufacturing Science and Engineering Conference*, Knoxville, Tennessee, USA, 2024.

[152] J. U. Weber, H. Jörß und M. Jankowiak, "Systematical Assessment of Automation Potential in Additive Manufacturing Process Chains" in *Springer Tracts in Additive Manufacturing, Industrializing Additive Manufacturing*, C. Klahn, M. Meboldt und J. Ferchow, Hg., Cham: Springer International Publishing, 2024, S. 171–186.

Anhang

A.1: Literatursammlung für die Potentialbewertung

Qualitätsmerkmal	Anzahl VÖ	Zitierung ges.	VÖ Jahr	Zitierungen pro Jahr	Quelle
Q01 Geometrische Maßhaltigkeit	7	96	2016	12,00	Ding2016
Q01 Geometrische Maßhaltigkeit	7	114	2012	9,50	Hofman2012
Q01 Geometrische Maßhaltigkeit	7	5	2019	1,00	Liu2019-Model
Q01 Geometrische Maßhaltigkeit	7	31	2017	4,43	Morajelo2017
Q01 Geometrische Maßhaltigkeit	7	74	2014	7,40	Ocylok2014
Q01 Geometrische Maßhaltigkeit	7	2	2014	0,20	Deng2014
Q01 Geometrische Maßhaltigkeit	7	72	2012	6,00	Smurov2012-Comp
Q03 Mechanische Eigenschaften	1	114	2012	9,50	Hofman2012
Q05 Chemische Komposition	2	18	2011	1,38	Colodron2011-Perf
Q05 Chemische Komposition	2	114	2012	9,50	Hofman2012
Q07 Dichte	1	81	2019	16,20	Zhang2019
Q01 Geometrische Maßhaltigkeit	2	108	2006	6,00	Toyserkani2006
Q01 Geometrische Maßhaltigkeit	2	29	2010	2,07	Zeinali2010
Q02 Oberflächenbeschaffenheit	1	137	2013	12,45	Gharbi2013
Q05 Chemische Komposition	3	32	2015	3,56	Ya2015
Q04 Mikrostruktur	4	39	2019	7,80	Huang2019
Q01 Geometrische Maßhaltigkeit	4	113	2008	7,06	Hua2008
Q07 Dichte	2	112	2013	10,18	Bi2013
Q01 Geometrische Maßhaltigkeit	4	112	2013	10,18	Bi2013
Q02 Oberflächenbeschaffenheit	2	112	2013	10,18	Bi2013
Q04 Mikrostruktur	4	112	2013	10,18	Bi2013
Q05 Chemische Komposition	3	112	2013	10,18	Bi2013
Q01 Geometrische Maßhaltigkeit	4	118	2007	6,94	Bi2007
Q04 Mikrostruktur	4	118	2007	6,94	Bi2007
Q01 Geometrische Maßhaltigkeit	4	54	2006	3,00	Bi2006-Invest
Q04 Mikrostruktur	4	54	2006	3,00	Bi2006-Invest
Q02 Oberflächenbeschaffenheit	2	129	2006	7,17	Bi2006-Ident
Q05 Chemische Komposition	3	129	2006	7,17	Bi2006-Ident
Q07 Dichte	2	129	2006	7,17	Bi2006-Ident
Q07 Dichte	4	10	2017	1,43	Devesse2017-Model
Q01 Geometrische Maßhaltigkeit	5	0	2016	0,00	Devesse2016-Temp
Q01 Geometrische Maßhaltigkeit	5	26	2001	1,13	Hu2001
Q01 Geometrische Maßhaltigkeit	5	70	2002	3,18	Hu2002
Q01 Geometrische Maßhaltigkeit	5	370	2003	17,62	Hu2003
Q01 Geometrische Maßhaltigkeit	5	35	2017	5,00	Bennett2017
Q02 Oberflächenbeschaffenheit	2	10	2017	1,43	Devesse2017-Model
Q02 Oberflächenbeschaffenheit	2	11	2016	1,38	DeBaere2016
Q03 Mechanische Eigenschaften	3	187	2016	23,38	Farshidianfar2016-Effect
Q03 Mechanische Eigenschaften	3	82	2016	10,25	Farshidianfar2016-Real
Q03 Mechanische Eigenschaften	3	7	2021	2,33	Farshidianfar2021
Q04 Mikrostruktur	4	187	2016	23,38	Farshidianfar2016-Effect
Q04 Mikrostruktur	4	82	2016	10,25	Farshidianfar2016-Real
Q04 Mikrostruktur	4	7	2021	2,33	Farshidianfar2021
Q04 Mikrostruktur	4	53	2019	10,60	Wolff2019-In
Q06 Eigenspannung	1	11	2016	1,38	DeBaere2016

A.1: Literatursammlung für die Potentialbewertung (Fortsetzung)

Qualitätsmerkmal	Anzahl VÖ	Zitierung ges.	VÖ Jahr	Zitierungen pro Jahr	Quelle
Q07 Dichte	4	95	2017	13,57	Khanzadeh2017
Q07 Dichte	4	5	2011	0,38	Hammell2011
Q07 Dichte	4	53	2019	10,60	Wolff2019-In
Q05 Chemische Komposition	6	6	2018	1,00	Kisielewicz2018
Q05 Chemische Komposition	6	29	2018	4,83	Lednev2018
Q05 Chemische Komposition	6	5	2019	1,00	Lednev2019
Q05 Chemische Komposition	6	15	2018	2,50	Shin2018
Q05 Chemische Komposition	6	57	2012	4,75	Song2012-Real
Q05 Chemische Komposition	6	52	2017	7,43	Song2017
Q07 Dichte	2	38	2018	6,33	Stutzman2018
Q07 Dichte	2	14	2019	2,80	Montazeri2019
Q01 Geometrische Maßhaltigkeit	7	14	2018	2,33	Borish2018
Q01 Geometrische Maßhaltigkeit	7	13	2018	2,17	Donadello2018
Q01 Geometrische Maßhaltigkeit	7	53	2019	10,60	Donadello2019
Q01 Geometrische Maßhaltigkeit	7	3	2007	0,18	Durali2007
Q01 Geometrische Maßhaltigkeit	7	3	2013	0,27	Farshidianfar2013
Q01 Geometrische Maßhaltigkeit	7	127	2007	7,47	Fathi2007
Q01 Geometrische Maßhaltigkeit	7	80	2008	5,00	Fathi2008
Q04 Mikrostruktur	2	56	2002	2,55	Babu2002
Q04 Mikrostruktur	2	45	2019	9,00	Wolff2019-Exp
Q05 Chemische Komposition	1	45	2019	9,00	Wolff2019-Exp
Q07 Dichte	1	63	2014	6,30	Barua2014
Q01 Geometrische Maßhaltigkeit	5	37	2018	6,17	Garmendia2018
Q01 Geometrische Maßhaltigkeit	5	16	2019	3,20	Garmendia2019
Q01 Geometrische Maßhaltigkeit	5	4	2015	0,44	Rodríguez-Araújo2015
Q01 Geometrische Maßhaltigkeit	5	15	2017	2,14	Liu2017
Q01 Geometrische Maßhaltigkeit	5	45	2015	5,00	Wang2015
Q01 Geometrische Maßhaltigkeit	6	286	2015	31,78	Denlinger2015
Q01 Geometrische Maßhaltigkeit	6	7	2018	1,17	Biegler2018-Ass
Q01 Geometrische Maßhaltigkeit	6	91	2015	10,11	Heigel2015
Q01 Geometrische Maßhaltigkeit	6	35	2019	7,00	Lu2019
Q01 Geometrische Maßhaltigkeit	6	15	2018	2,50	Xie2018
Q01 Geometrische Maßhaltigkeit	6	27	2019	5,40	Xie2019
Q02 Oberflächenbeschaffenheit	1	35	2019	7,00	Lu2019
Q03 Mechanische Eigenschaften	1	20	2018	3,33	Biegler2018-Fin
Q06 Eigenspannung	1	286	2015	31,78	Denlinger2015
Q01 Geometrische Maßhaltigkeit	1	16	2019	3,20	Yan2019
Q03 Mechanische Eigenschaften	2	14	2018	2,33	Bennett2018
Q03 Mechanische Eigenschaften	2	72	2017	10,29	Muvvala2017-Online
Q04 Mikrostruktur	3	73	2015	8,11	Nasser2015
Q04 Mikrostruktur	3	14	2018	2,33	Bennett2018
Q04 Mikrostruktur	3	72	2017	10,29	Muvvala2017-Online
Q06 Eigenspannung	4	286	2015	31,78	Denlinger2015
Q06 Eigenspannung	4	175	2014	17,50	Farahmand2014
Q06 Eigenspannung	4	53	2015	5,89	Farahmand2015
Q06 Eigenspannung	4	35	2019	7,00	Lu2019
Q07 Dichte	1	53	2015	5,89	Farahmand2015
Q07 Dichte	8	71	2008	4,44	Wang2008
Q07 Dichte	8	18	2018	3,00	Koester2018
Q07 Dichte	8	38	2017	5,43	Gaja2017
Q07 Dichte	8	8	2019	1,60	Bond2019
Q07 Dichte	8	71	2008	4,44	Wang2008
Q07 Dichte	8	14	2020	3,50	Prieto2020
Q07 Dichte	8	15	2019	3,00	Garcia2019
Q06 Eigenspannung	1	15	2019	3,00	Garcia2019
Q07 Dichte	8	3	2023	3,00	Chen2023

A.2: Präferenzenmatrix zur Erhebung von Stufengewichten für die Potentialbewertung von Sensorkonfigurationen

A	Integrationsaufwand
EP	Entwicklungspotential
MB	Messbereich
IT	Integrationstyp
RB	Robustheit
Q	Qualitätsgröße

#	Häufigkeit	Stufengewicht gs
A	1	0,067
EP	1	0,067
MB	2	0,133
IT	2	0,133
RB	4	0,267
Q	5	0,334

A.3: Gesamtpotentiale der Sensorkonfigurationen

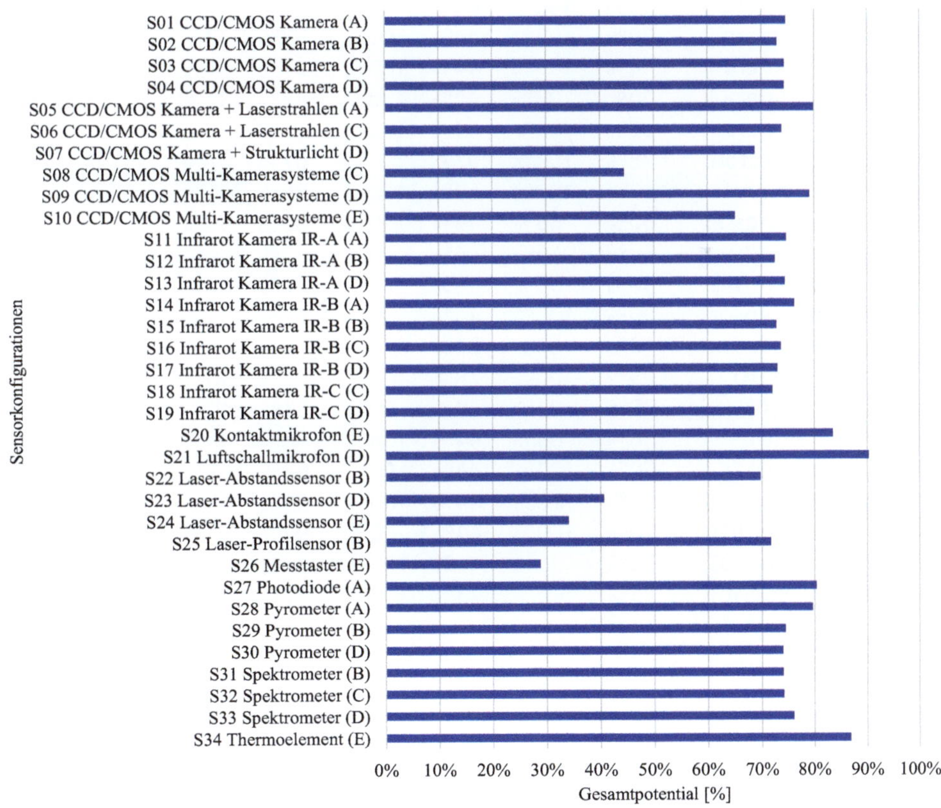

A.4: Teilpotentiale der Sensorkonfigurationen

	MB	IT	RB	Q	EP	A		Gesamtpot
S01 CCD/CMOS Kame	25%	100%	67%	100%	61%	40%		75%
S02 CCD/CMOS Kame	50%	100%	44%	100%	75%	40%		73%
S03 CCD/CMOS Kame	50%	100%	44%	100%	96%	40%		74%
S04 CCD/CMOS Kame	50%	100%	44%	100%	70%	67%		74%
S05 CCD/CMOS Kame	50%	100%	67%	100%	91%	40%		80%
S06 CCD/CMOS Kame	50%	100%	44%	100%	89%	40%		74%
S07 CCD/CMOS Kame	75%	33%	44%	100%	86%	50%		69%
S08 CCD/CMOS Multi-	75%	100%	44%	0%	100%	40%		44%
S09 CCD/CMOS Multi-	75%	100%	44%	100%	92%	67%		79%
S10 CCD/CMOS Multi-	75%	0%	44%	100%	97%	50%		65%
S11 Infrarot Kamera I	25%	100%	67%	100%	69%	33%		75%
S12 Infrarot Kamera I	50%	100%	44%	100%	76%	33%		72%
S13 Infrarot Kamera I	50%	100%	44%	100%	88%	50%		74%
S14 Infrarot Kamera I	25%	100%	67%	100%	92%	33%		76%
S15 Infrarot Kamera I	50%	100%	44%	100%	80%	33%		73%
S16 Infrarot Kamera I	50%	100%	44%	100%	93%	33%		74%
S17 Infrarot Kamera I	50%	100%	44%	100%	67%	50%		73%
S18 Infrarot Kamera I	50%	100%	44%	100%	68%	33%		72%
S19 Infrarot Kamera I	50%	100%	44%	100%	0%	50%		69%
S20 Kontaktmikrofon	75%	100%	67%	100%	67%	67%		84%
S21 Luftschallmikrofo	100%	100%	67%	100%	85%	100%		90%
S22 Laser-Abstandsser	50%	66%	44%	100%	85%	50%		70%
S23 Laser-Abstandsser	50%	66%	44%	0%	100%	100%		41%
S24 Laser-Abstandsser	50%	33%	44%	0%	100%	67%		34%
S25 Laser-Profilsensor	50%	100%	44%	100%	63%	33%		72%
S26 Messtaster (E)	0%	66%	33%	0%	100%	67%		29%
S27 Photodiode (A)	25%	100%	78%	100%	92%	50%		80%
S28 Pyrometer (A)	25%	100%	78%	100%	91%	40%		80%
S29 Pyrometer (B)	50%	100%	44%	100%	98%	40%		74%
S30 Pyrometer (D)	50%	100%	44%	100%	64%	67%		74%
S31 Spektrometer (B)	50%	100%	44%	100%	91%	40%		74%
S32 Spektrometer (C)	50%	100%	44%	100%	93%	40%		74%
S33 Spektrometer (D)	50%	100%	44%	100%	96%	67%		76%
S34 Thermoelement (I	75%	100%	78%	100%	73%	67%		87%

A.5: Technische Spezifikationen des Richtmikrofons ([141])

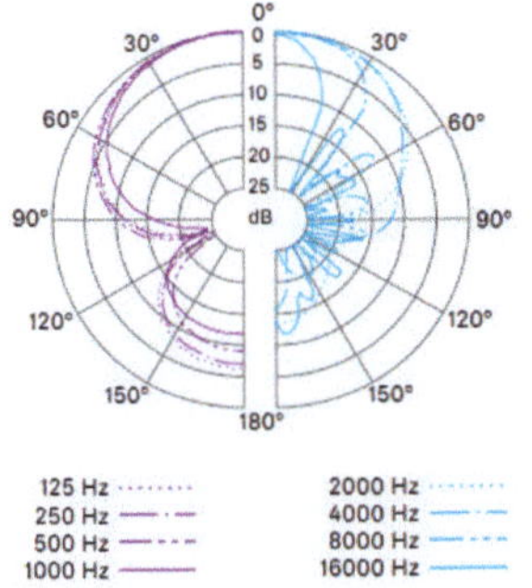

Richtcharakteristik	Superniere/Keule
Frequenzgang	40 – 20,000 Hz
Empfindlichkeit	bei P48: 21 mV/Pa bei Batteriespeisung: 19 mV/Pa
Grenzschalldruck-pegel	bei P48: 132 dB SPL bei Batteriespeisung: 126 dB SPL
Ersatzgeräuschpegel A-bewertet	bei P48: 15 dB (A) bei Batteriespeisung: 16 dB (A)
Stromversorgung	48 V ± 4 V (P48, IEC 61938) über XLR-3 oder Batterie/Akku (Typ AA 1,5 V/1,2 V)
Stromaufnahme	bei P48: 4,4 mA
Betriebszeit	mit Batterie ca. 150 h
„Low-Batt"-Anzeige	< 1,05 V; ca. 8 h Restbetriebszeit nach erstmaliger Anzeige
Temperaturbereich	Betrieb: -10 °C to +60 °C
Abmessungen	∅ 20 mm x 256 mm
Gewicht	128 g (ohne Batterien)

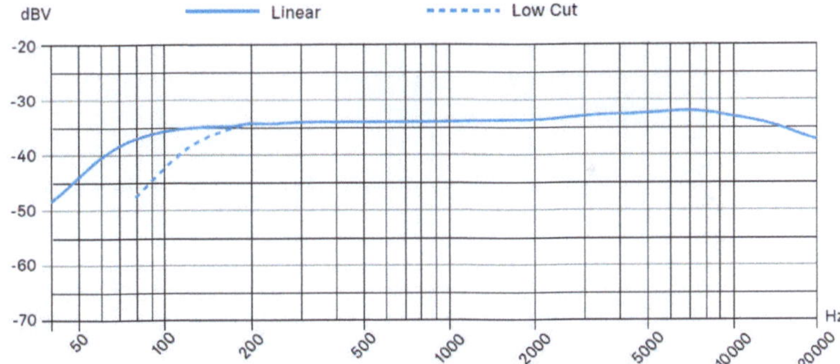

A.6: Erhebung der Spaltmaße z_{min} und z_{max} von LPA-Proben 1a bis 5b

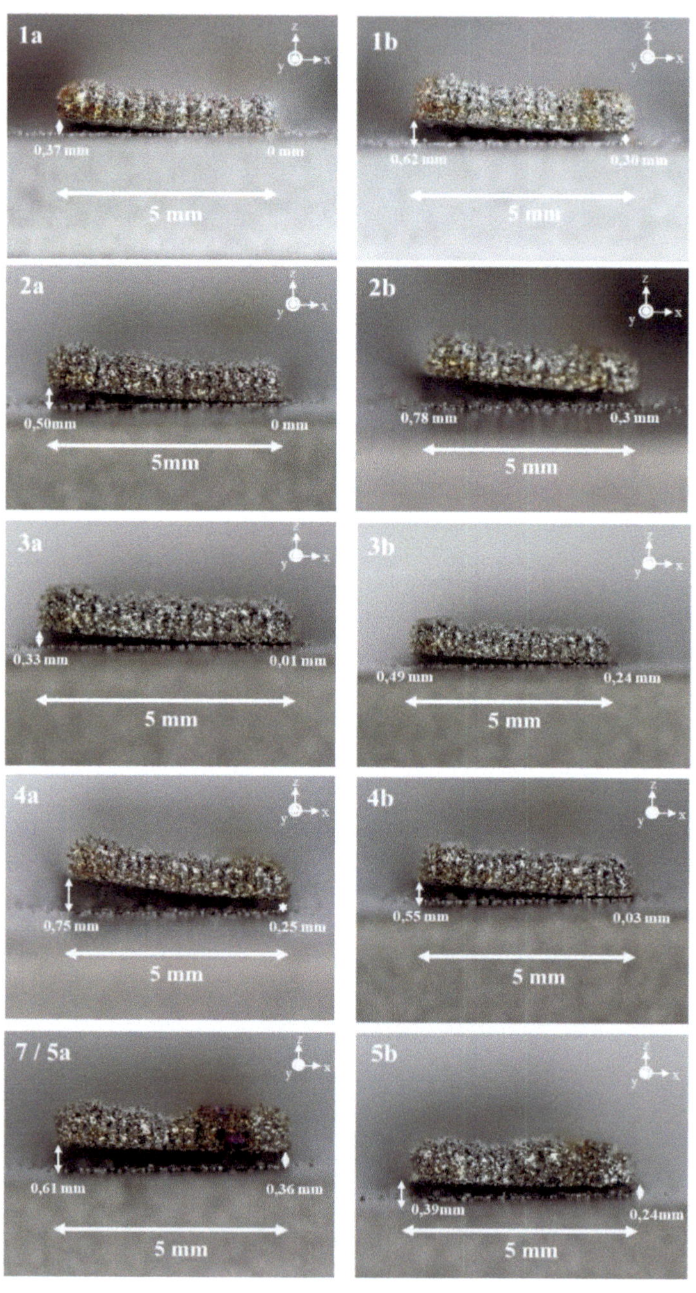

A.7: Ermittlung des Monitoringbereichs mittels CAD-Software

Anordnung I

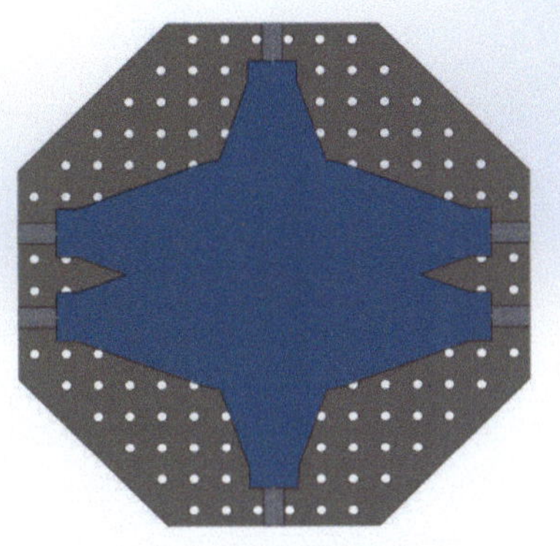

Fläche: 479671,70 mm²

Anordnung II

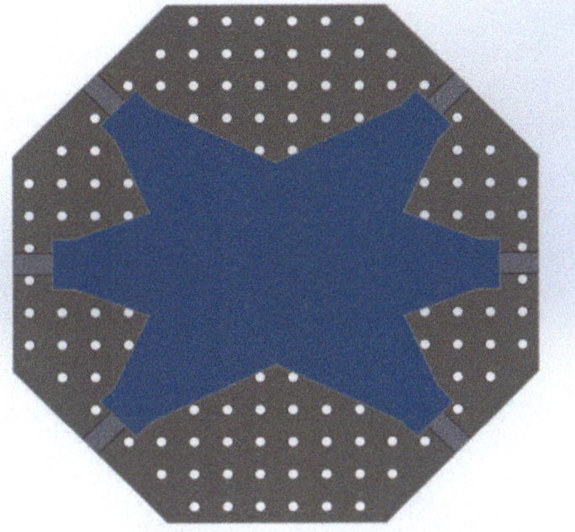

Fläche: 442261,57 mm²

Anordnung III

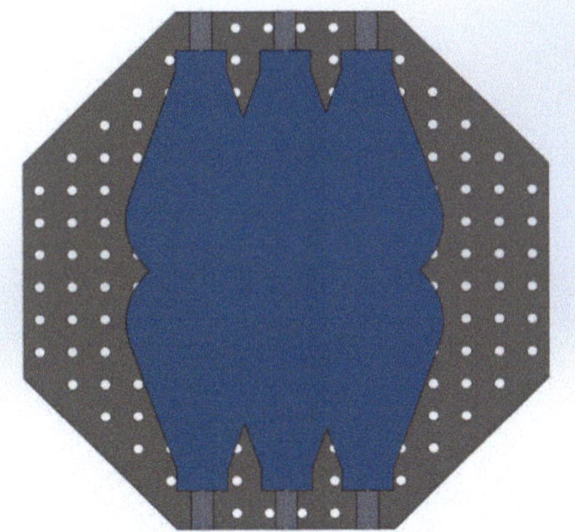

Fläche: 553579,44 mm²

Anordnung IV

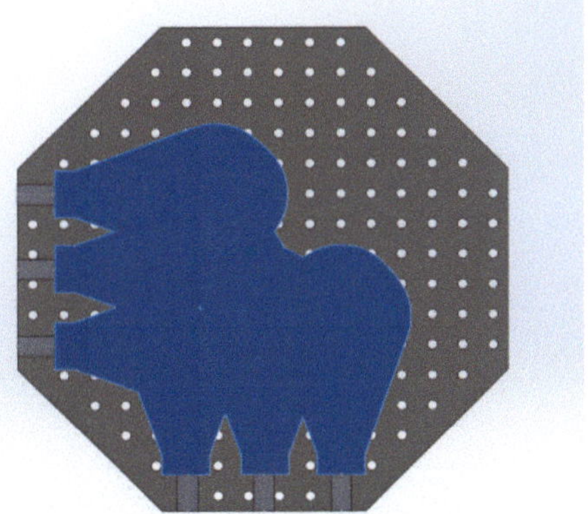

Fläche: 472149.14 mm²